# 見えない巨大水脈　地下水の科学

## 使えばすぐには戻らない「意外な希少資源」

日本地下水学会
井田徹治　著

ブルーバックス

●カバー装幀／芦澤泰偉・児崎雅淑
●本文デザイン／土方芳枝
●図版／さくら工芸社

# はじめに

夏の暑い日、井戸のレバーを一生懸命動かして、冷たい井戸水でのどを潤した経験があります。筆者の家の近くのお寺にも、裏に小さな井戸があり、鬼ごっこなどをしてのどが渇くと、そこに行って水をがぶがぶと飲んだものでした。「井戸端会議」などという言葉があることからもわかるように、井戸は日本人にとって古くから身近なところにあって、人間の生活のなかで重要な役割を果たしてきました。この井戸水に代表される「地下水」が、本書の主役です。

地下水とは、雨や雪などの形で地上に降り注いだ水が、地下にしみ込んで溜まったり、流れたりしているものです。比較的浅い場所にあって、河川の水のように速く流れているものもあれば、はるか昔に降った雨が長い距離を移動してきた末に、地下深くに溜まったものもあります。

地球上の水の大部分は海水で、人類が飲み水などに利用できる淡水は、ほんのわずかしかありません。そして、あまり知られていないことかもしれませんが、その淡水資源のうち、河川や湖の水よりもはるかに多くの割合を占めているのが、地下水なのです。

また、地下水は飲み水としてだけでなく、農業用水としても非常に重要です。世界の食糧事情は、地下水に左右されているといっても過言ではありません。日本も他人事ではなく、自給率が下がり、大量の食糧を海外から輸入している私たちの食生活は、海外で農業に使われている地下水によって支えられているのです。

ところで、地上に降り注いだ雨などが地下に浸透して地下水となってから、湧き水などの形で流れ出してゆくまでの時間を、地下水の「寿命」ということができます。世界の地下水の平均を見ると、その年数は、なんと六〇〇年超になります。つまり、一度地下水をくみ上げてしまうと、再び元の状態に戻るまでに平均して六〇〇年以上かかるということです。なかには年齢が二万歳とか三万歳にもなる地下水もあります。何万年も前に降った雨が地下に溜まったままの、まさに「化石」のような地下水もあるということです。このような地下水は、くみ上げたら再利用がきわめて難しい、石油と同じ一度限りの資源ともいえるのです。

多くの雨が降る日本に住んでいるとなかなか想像しにくいのですが、世界には気候条件や技術的な問題から、日常的な水不足に悩んでいる地域がいまだに少なくありません。発展途上国の村では、たった一本の井戸が人々の命をつないでいるというケースもよく見られます。先進国、発展途上国を問わず、地球上の二〇億人を超える人々が農業用水、生活用水、工業用水などとして地下水を利用しているいま、地下水資源の保全は非常に重要です。

一方、私たちの身の回りに目を移せば、井戸水と並んで身近な地下水として「湧き水」、つまり「湧水《ゆうすい》」と呼ばれるものがあります。これは地下水が台地の崖の下や谷間などから湧き出ているもののことをいいます。湧水が集まって、河川として地表を流れ出すこともあります。古くから人々の生活のために使われてきた湧水は、いまも身近な場所に多く見られ、憩いの場などとしても親しまれています。

私たちは日頃、水道の蛇口を回すと勢いよく出てくる水の「起源」を考えることは少ないでしょう。水道水の起源は河川水、地下水、湧水などで構成されており、そのうち地下水と、それが地表に出てきた湧水は、全国平均で二割強の二二・一％を占めています。きれいで温度の変化が少ないという特徴をもつ地下水をそのまま生活用水に利用している地域も多く、熊本市周辺では九〇万人以上が地下水に依存しているほか、鳥取県、福井県、岐阜県、高知県、静岡県でも県民の六〇％以上が地下水に依存しています。

もうひとつ見逃せないのが、近年、急速に消費量が増えているペットボトル入りのミネラルウォーターです。これらの「おいしい水」は、いまや水道水に代わって日常の飲み水として定着しつつありますが、そのほとんどは、地下水から取水したものです。

こうした多大な恩恵を受けているにもかかわらず、人々の地下水への関心は決して高いとはいえないように思われます。そこで、地下水の研究者や技術者で組織する日本地下水学会が創立五〇周年を迎えるのを機に、多くの人に地下水への関心を持ってもらうため、「地下水とは何か？」「地下水と人間とのかかわりは？」などに焦点を絞って科学的な知見を集め、わかりやすく解説したものが本書です。同学会において一般の方々に地下水について関心を持ってもらうよう活動している市民コミュニケーション委員会のメンバーと、共同通信社科学部の編集委員、井田徹治が共同で企画・編集にあたりました。

第1章では、世界の人々にとって、そして日本人にとって、地下水というものがいかに大切であるかを紹介します。繰り返しになりますが世界の食糧生産には地下水が不可欠であること、その地下水には石油と同様の一度限りの資源であるものが多いことは、ぜひ強調しておきたいポイントです。

第2章では、湧水やペットボトルの水など、私たちの暮らしのなかの身近な地下水の話題について楽しんでいただきます。飲み水としての地下水に焦点を合わせ、地下水はなぜおいしいのか、そもそも「おいしい水」とはどんなものなのかについても分析しました。なお、本書の巻末では環境庁（当時）が選んだ「日本の名水百選」を、地域ごとに、それぞれの水質の特徴を示すグラフもあわせて紹介していますので、お近くの名水を楽しむ際の参考にしてください。

第3章と第4章では、浅いところから深いところまで、さまざまな場所にさまざまな形で存在する地下水の不思議な実態を紹介しています。砂漠のオアシスにも、南極にも、海底にも地下水は湧き出ています。意外なだけでなく、科学的にも大変興味深い話題ばかりです。「冬温かく、夏は冷たい」といわれる地下水の特質についても、驚くべき事例をまじえて解説しています。

第5章では、古来、人間はどのように地下水を利用してきたのかを解説します。なにしろ、地下水は目に見えない場所にあるのです。それを探しだし、井戸を掘り当てるのは簡単なことではありません。地下水を求めて人間が苦闘し、技術を進歩させていくさまを感じとっていただければと思います。

第6章と第7章では、現在の地下水が抱えている問題について紹介します。過剰な地下水のくみ上げによって多くの国で深刻化した地盤沈下や、地下水汚染の問題などを取り上げました。地下水汚染の調べ方や浄化方法については、最新の科学的成果や技術を解説しています。

最後の第8章では、地下水と人間の将来について考えています。地球温暖化と地下水の関連、人間が地下水を末永く利用していくにはどうしたらいいか、などを掘り下げてみました。日本各地で芽生えている、地下水保全のためのさまざまな取り組みも紹介しています。

地下水の科学について、できるかぎりわかりやすく解説することを心がけました。本書がみなさんにとって、地下水への理解と関心を深めるきっかけになれば幸いです。

見えない巨大水脈

# 地下水の科学

目次 CONTENTS



## 第1章 その価値は石油にも等しい



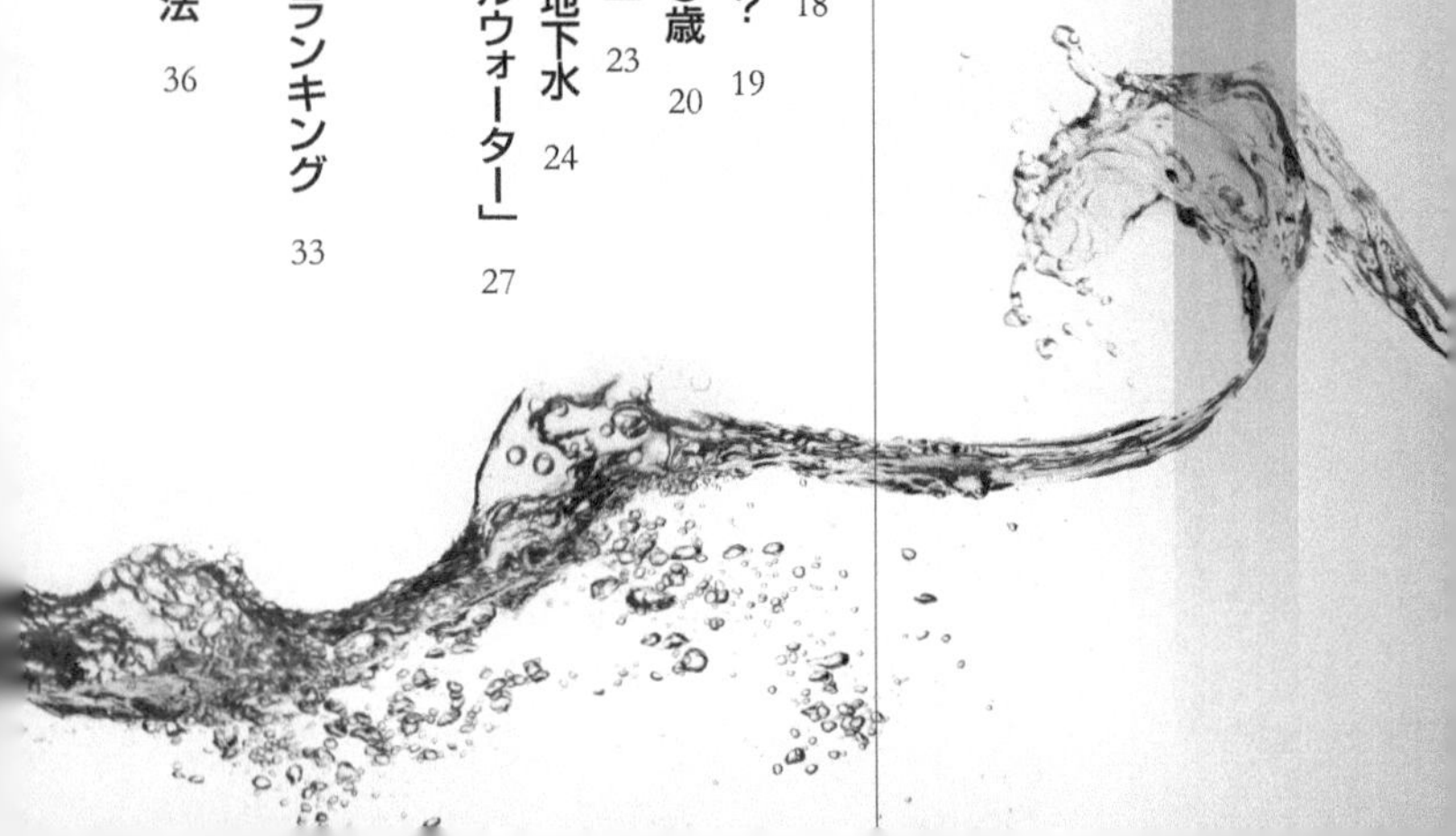

## 第2章 地下水を味わう



## 第3章 こんな場所にも地下水が



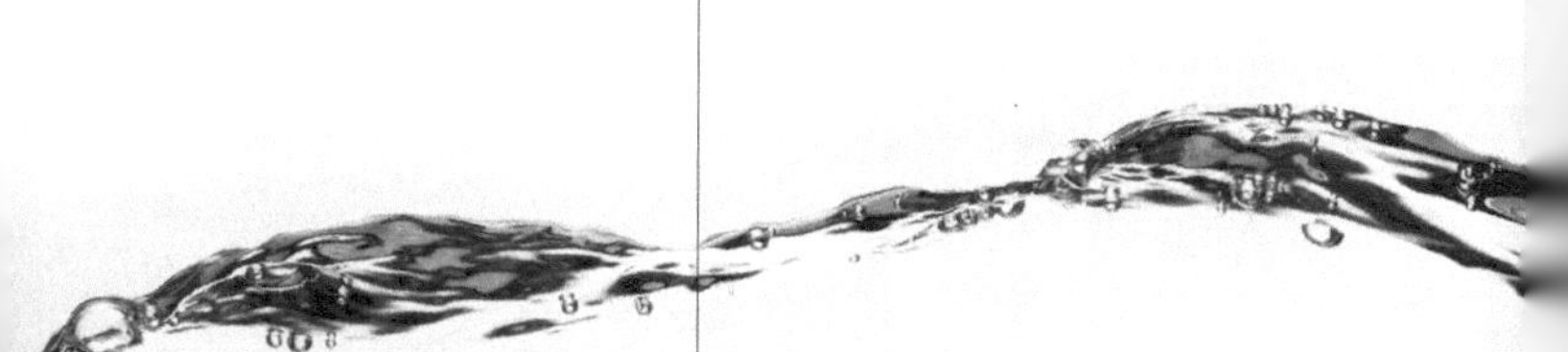

# 第4章 地下水、その多様な姿

第5章

## 地下水を掘る、探る



第6章

## 過剰なくみ上げ、沈む地盤

第7章

# 汚される地下水



第8章

# 地下水と人間の未来



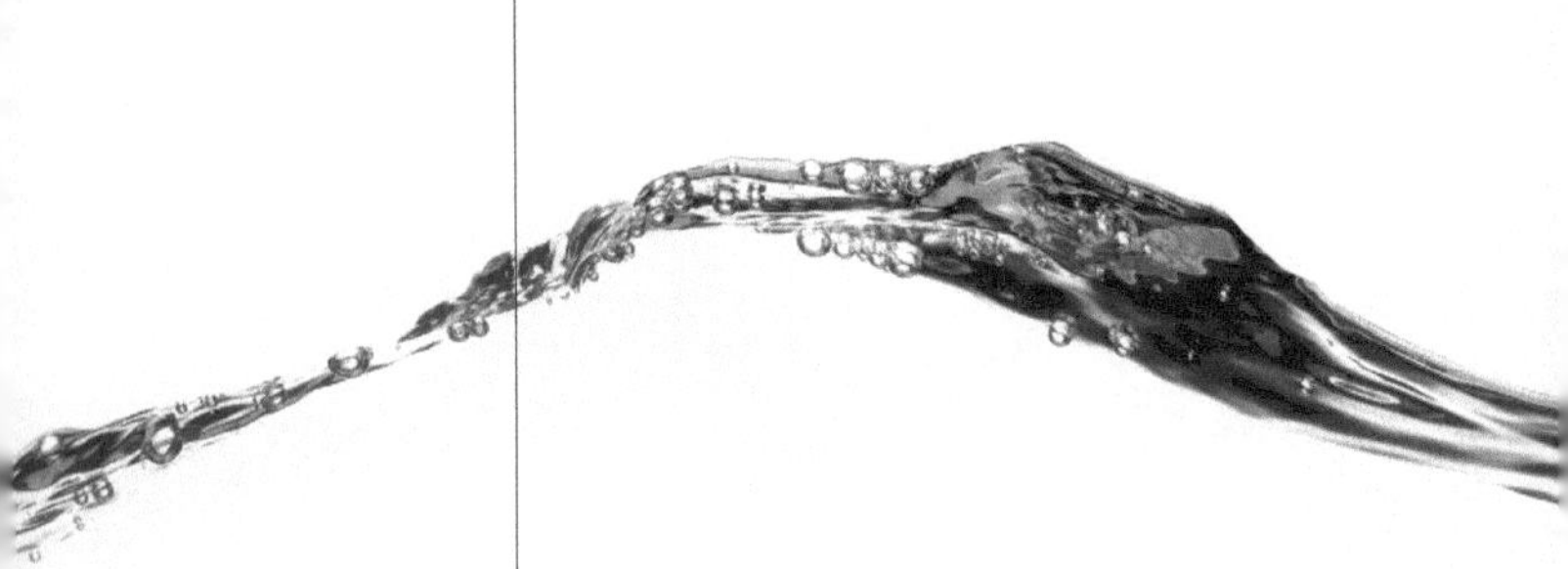

## コラム



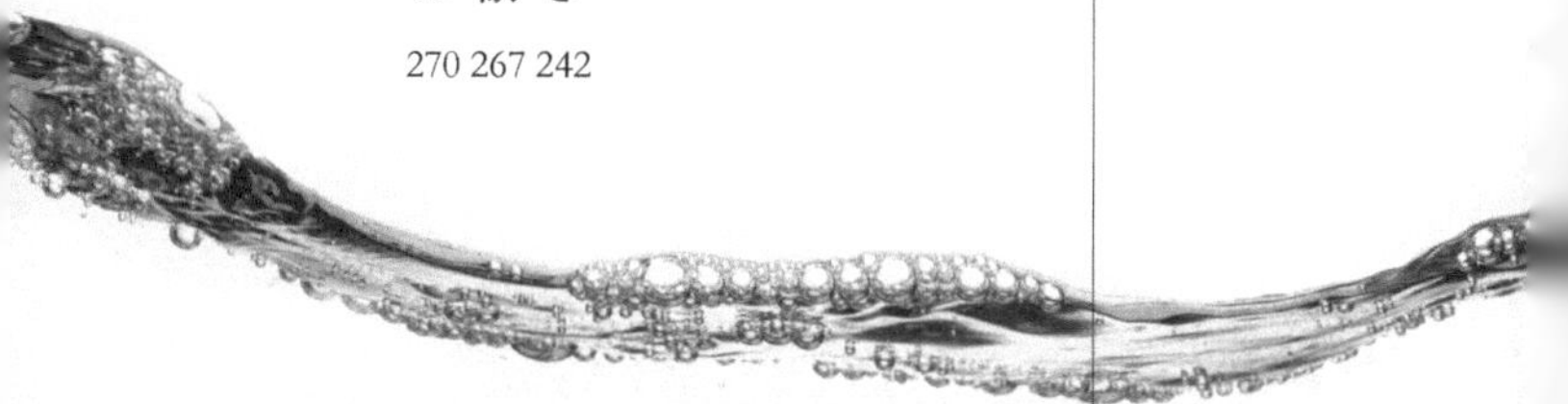

第1章

# その価値は石油にも等しい

## そもそも「地下水」って何？

「はじめに」で書いたように本書の主役は地下水なのだが、そもそも地下水とはどのようなものを指すのであろうか。実は研究者によって見解の相違もあり、地下水の研究者や技術者ら専門家でつくる日本地下水学会も、明確な地下水の定義をまとめてはいない。最も広い定義では、地下水とは、文字通り「地下にある水」のすべてをいう。

「水の惑星」ともいわれる地球だが、地上に存在する水の大部分は、海水である。真水、つまり淡水はごく一部なのだ。淡水の中には河川や湖沼の水、雲の水（凝結した水蒸気）などがある。地球温暖化との関連で最近注目されている、グリーンランドや南極の地面の上にある氷（氷床）や氷河も、淡水である。そして、地下水のほぼ半分が淡水である。

淡水のうち、河川、湖沼、ため池など、陸上にあってわれわれが簡単に目にすることができる水が「表流水」である。これに対し、地面より下にある水の総称が「地下水」である。これが最も広義の地下水の定義だ。地下水が形成されるまでの過程はさまざまなのだが、大部分は雨や雪などの降水が地面にしみ込んだ結果、地下水となったものである。地面の下の地層の中で、地下水を大量に含む水の通りがよい地層を「帯水層」と呼ぶ。

| | 貯留量 (km³) | 循環量 (km³/年) | 滞留時間 (年) |
|---|---|---|---|
| 海　水 | 1,348,850,000 | 425,000 | 3,173.8 年 |
| 氷　河 | 27,500,000 | 3,020 | 9,106.0 年 |
| 地下水 | 8,200,000 | 14,000 | 585.7 年 |
| 土壌水 | 74,000 | 84,000 | 0.88 年 |
| 河川水 | 1,700 | 24,000 | 0.07 年 |
| 淡水湖 | 103,000 | 24,000 | 4.29 年 |
| 塩水湖 | 107,000 | 7,590 | 14.10 年 |

表1-1　地球上の水の量と滞留時間（『環境年表』〔丸善〕より）

## 地下水は地球にどれだけある？

それでは地球上に地下水は、いったいどれだけあるのだろうか。

まず、地球上にどれだけの水が存在するのか、から話を始めよう。「水の惑星」地球には、推定で一三億八〇〇〇万立方キロメートルという大量の水が存在する。表１－１と図１－２を見ていただければわかるように、その約九七・四％にあたる約一三億五〇〇〇万立方キロメートルは海の水だ。真水、つまり淡水は地球上に存在する水のわずか二・七％ほどでしかない。

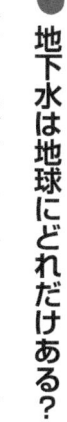

そして、淡水のうち最も多いのが雪や氷の形になっている水で、二七五〇万立方キロメートルと全体の二％近くを占める。ほとんどが南極やグリーンランドの氷床を形成する氷だ。つまり、淡水の半分以上は遠い極地で氷になっていて、利用が難しいということになる。

その次に多いのが地下水だ。総量は八二〇万立方キロメート

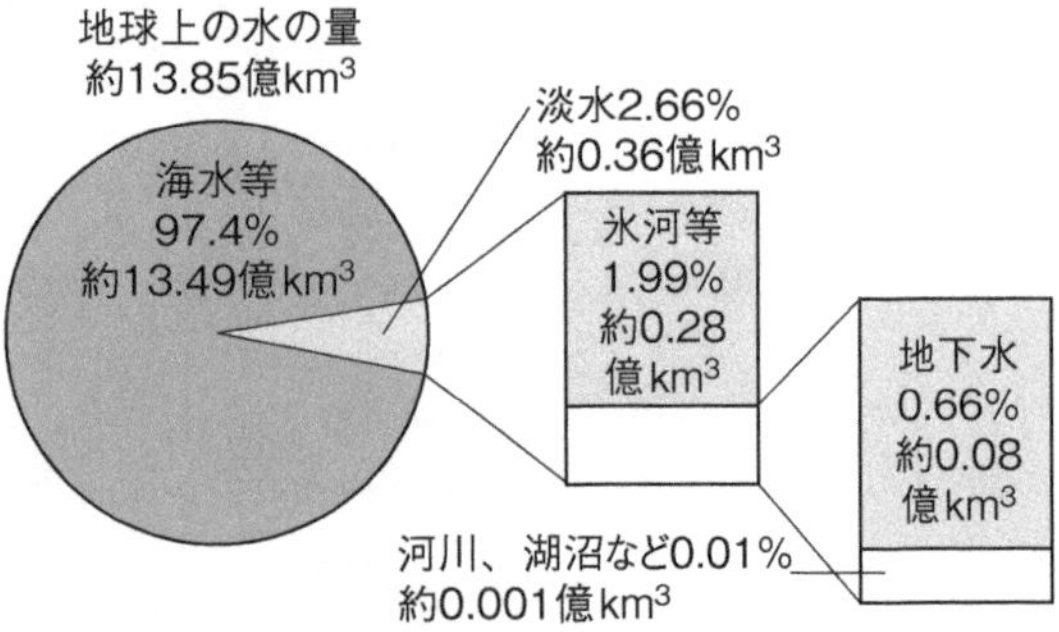


（注）1. Assessment of Water Resources and Water Availability in the World ; I, A. Shiklomanov, 1996（WMO発行）をもとに国土交通省水資源部が作成したものを改変。
2. 南極大陸の地下水は含まれていない。

図1-2　地球上の水の量の割合

ル、地球上の水全体の〇・六六%。それに比べて、表からもわかるように湖沼の水はずっと少なく、水全体のわずか〇・〇一%だけ。最も身近な河川の水にいたっては〇・〇〇〇一%でしかない。飲み水や農業、工業用水などに人間が使える淡水資源として、湖沼や河川よりはるかに量の多い地下水が人類にとっていかに重要であるかがわかるだろう。

## 地下水の「平均寿命」は六〇〇歳

ところで、表1-1の中央の列は、地球上でそれぞれの形の水が流動している量を示している。また、一番右の列は総量と流動量から割り出した平均の滞留時間を示している。一ヵ所にとどまっている湖沼の水は全部が入れ替わるのに膨大な時間を要するのに対して、同じ淡水でも、地上を流れる河川の滞留時間は短い。地下水の場合、滞留時間とは、最初に雨として地上に降り注ぎ、地下水となったのちに、湧出するまでの時間のことであるから、いわば地下水の一生の長さ、「寿命」のようなものである。地下水の流動の状況は場所によって大きく違うが、平均すると地下水は約六〇〇年ですべてが入れ替わる、ということになる。つまり、「平均寿命」は六〇〇歳というわけだ。

ただ、地下水の滞留時間は地質条件や地下水の存在形態によって大きく異なる。表1－3は、日本や世界各地の地下水の滞留時間に関するデータをまとめたものだ。黒部川扇状地の砂丘の地下水の滞留時間は〇・一四年と非常に短く、循環速度を決める地下水の流れが非常に速いことを示している。一方で、東京湾岸の深層地下水の滞留時間は二〇〇〇年以上と日本の中ではかなり長い。

世界にはさらに滞留時間が長い地下水が多く存在する。表の一番上、オーストラリアの大鑽井《さんせい》盆地の地下水（130ページのコラム参照）には、なんと一一〇万年以上とされているものがある。

図1－4は、地球上の水の循環を示したものだ。地下水の循環は、「涵養《かんよう》」「流動」「流出」という三段階からなる。すでに述べたように、地下水とは雨や雪の形で降った水が地下に浸透して水脈となったものであり、降水が地下水となることを涵養（リチャージ）という。涵養地域で地下に浸透した地下水は、帯水層をゆっくり流動し、やがて流出地域で湧出する。湧水のような形で地上に流れ出たり、河川に流れ込んだり、人間にくみ上げられたりした地下水の一部は蒸発

| 地　域 | 帯水層 | 年齢(年) |
| --- | --- | --- |
| オーストラリア | 大鑽井盆地 | 1,100,000(最大) |
| エジプト | サハラ砂漠東北部 | 45,000(最大) |
| シナイ半島 | 西端の泉と死海近くの井戸 | 約30,000 |
| テキサス州 | カリゾ砂岩 | 27,000(最大) |
| 中央ヨーロッパ | 深度100〜800m | 10,000〜10,500 |
| 南アフリカ | カラハリ砂漠 | 430〜33,700 |
| ベネズエラ | マラカイボ市 | 4,000〜35,000 |
| ハワイ州 | オアフ島 | 100 |
| インディアナ州 | 氷河堆積物 | 25 |
| 韓国 | 済州島 | 2〜9 |
| 旧チェコスロバキア | 山地小流域からの地下水 | 2.5 |
| ニュージーランド | ワイコロププ泉 | 0〜20 |
| 黒部川扇状地 | 黒部川から離れた100m以深 | 25以上 |
| 〃 | 黒部川近傍の100m以深 | 13〜25 |
| 〃 | 黒部川から離れた50m以浅 | 7〜13 |
| 〃 | 黒部川近傍の50m以浅 | 0〜7 |
| 〃 | 芦崎砂丘 | 0.14 |
| 那須岳周辺 | 低水時の河川水(流出した地下水) | 2〜3以上 |
| 関東地方の小流域 | 低水時の河川水(流出した地下水) | 5 |
| 会津盆地 | 自噴井深度30m | 13 |
| 〃 | 深度50m | 21 |
| 千葉県市原市 | 養老川流域150m以浅 | 0〜30 |
| 瀬戸内海の小島 | 花崗岩の基盤 | 0〜30 |
| 岩手火山 | 山麓湧水 | 17〜38 |
| 八ヶ岳 | 山麓湧水 | 1〜100 |
| 東京湾岸 | 深度200〜2,000m | 2,840〜36,750 |

表1-3　いろいろな地下水の年齢（『環境年表』〔丸善〕より）

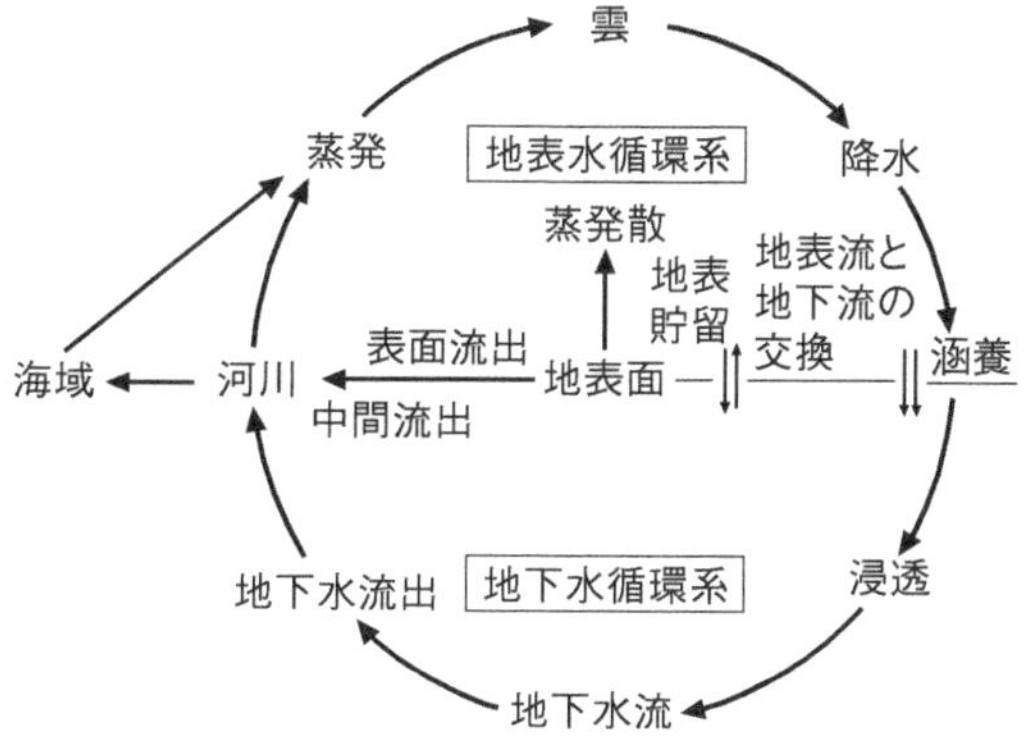


図1-4　水の循環（「今後の地下水利用のあり方に関する懇談会」報告より）

し、多くはやがて海に注ぐことになる。これが「平均寿命六〇〇歳」といわれる地下水の一生である。そして、海から蒸発した水が雲をつくり、再び雪や雨となって地球上に降り注ぎ、その一部が再び地下にしみ込んで地下水を「つくる」もとになるのである。

## 石油と同じ「一回限りの資源」

地下に存在する地下水の量を貯留量というが、これは雨などによって涵養される水の量と、流出量との差によって決まる。さまざまな理由で涵養量が少なくなったり、くみ上げなどによって流出量が増えたりすると、当然のようにその場所の地下水の貯留量は減少し、やがては枯渇してしまう。逆に涵養量が増えたり、流出量が減ったりすれば、その場所での地下水の量は多くなり、地下水位が上昇する。場合によっては圧力が高まって地上に噴出したり、湧き出したりすることになる。

自然界でも涵養量や流出量は変動することがあり、そのため砂漠のオアシスには、次々とその場所を変える「動くオアシス」と呼ばれるものもある。

だが、地下水の貯留量を大きく変えるのは、さまざまな人間の活動である。地上で最も重要な淡水資源である地下水と、人間がどう関わるかで決まるのである。

忘れてはいけないのは、地下水にはこのように、何万年も前に降った水を起源とするものまであるということである。はるか昔に降った雨が溜まった地下水とは、いわば非常に「高齢」なのであり、その意味では石油と同様に、一回限りしか使えない資源である。これは、地下水の利用や保全を考えるうえで、非常に重要な視点である。

## 世界の食糧事情を左右する地下水

さまざまな地下水の使い道のなかで最も重要なのが、農業用水としての地下水である。

アメリカ中西部から南西部にかけてのオクラホマ、カンザス、テキサスなどの各州にまたがる大平原は「グレートプレーンズ」と呼ばれる大穀倉地帯である。この地下には、八つの州にまたがる世界最大級の地下水を含む地層、「オガララ帯水層」がある。なんとその面積は四五万平方キロと、日本よりも広い。ただ、この地域は半乾燥のステップで雨が少なく、巨大な河川や湖も少ないため、地下水の涵養速度は非常に遅い。この帯水層中の地下水のほとんどは、この地域に降水量が多かった氷河期に形成された「化石地下水」と呼ばれる非常に古い地下水だと考えられている。

このグレートプレーンズを世界最大の穀倉地帯に変えることができたのは、その帯水層中にある大量の地下水をくみ上げ、灌漑《かんがい》用水として利用できるようになったことによる。この地域をドライブしていると、広大な農地のあちこちに巨大なスプリンクラーが腕を伸ばしているのを目にする。

どこまでも果てしなく続く農場を、スプリンクラーがゆっくりと動きながら潤してゆく。長く伸びたその腕の下には車輪がついていて、コンパスで円を描くように回転しながら、水を農地に散布している。これは「センターピボット灌漑システム」と呼ばれるこの地域に典型的なスプリンクラーだ。なかには腕の長さが八〇〇メートル近くにもなるものもある。このようなスプリンクラーによって作られるため、農地は円形になるのが特徴で、米航空宇宙局（ＮＡＳＡ）の衛星写真からも、グレートプレーンズが大小さまざまな大きさの緑色の円で埋め尽くされているのがわかる（次ページ写真）。センターピボット式による井戸は数千本も掘られていて、一つの井戸からの揚水量は毎分一〇立方メートルにもなる。

このグレートプレーンズのみならず、世界の多くの穀倉地帯での食糧生産は、豊富な地下水なしにはありえなかった。しかも、世界では農業用水の大半を地下水に依存している国が非常に多

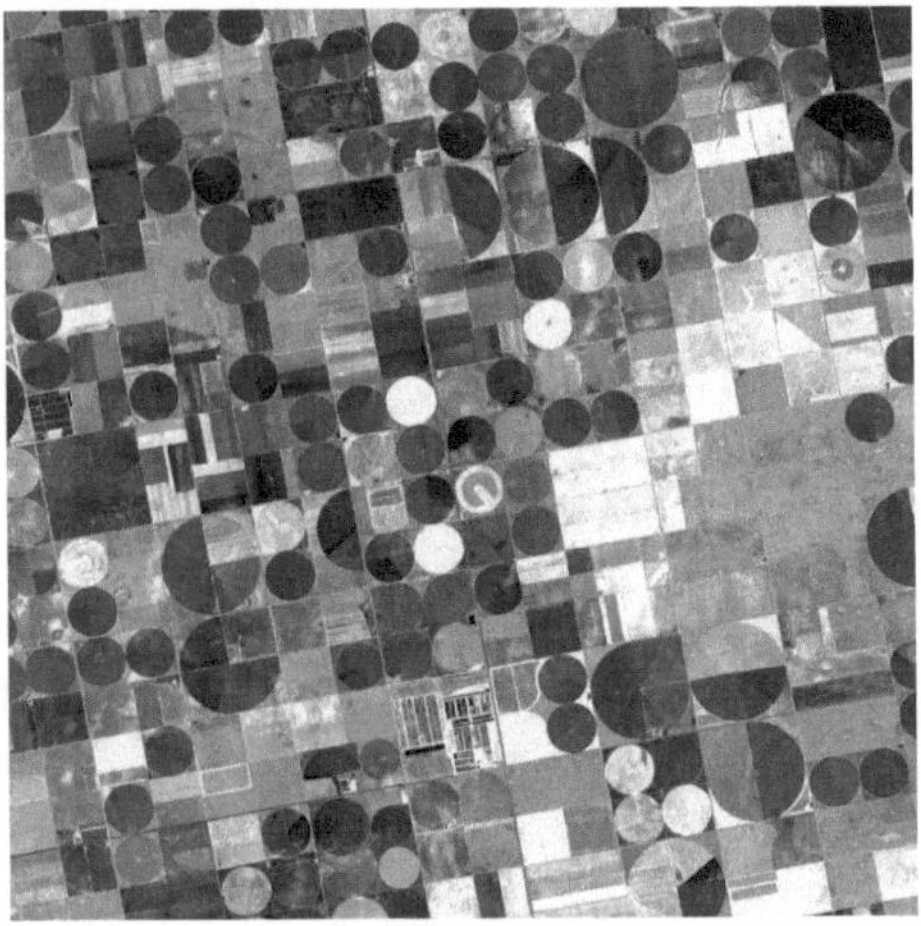

グレートプレーンズの衛星写真（NASA）

い。食糧生産に使われる灌漑用水に占める地下水の割合が最も高いのはリビアで、全体の九〇％が地下水だ。インドの八九％がこれに次ぎ、続いて南アフリカの八四％、スペインの八〇％の順になっている。地下水は、地球上の多くの人々の生命を支えているともいえるのだ。

　農業用水のほかにも飲料水や工業用水の源として、多くの人が地下水に依存して生きている。南極の氷などを除けば、世界の利用可能な淡水の九〇％以上が地下水の形で地下の帯水層に蓄えられているのだから、これは当たり前のことである。しかも、世界の人口の多くが集中する発展途上国では、上水道の整備が遅れているため、農村などを中心に低コストで得られる地下水への依存度は非常に高い。

　とくに乾燥地帯や半乾燥地帯では、地下水が唯一の淡水源である場合が非常に多い。国連教育科学文化機関（ユネスコ、ＵＮＥＳＣＯ）によると、サウジアラビアとマルタの淡水源に占める地下水の割合は一〇〇%。続いてチュニジアが九五%、モロッコが七五%である。先進国のなかでも欧州は飲料水に占める地下水の比率が七五%と高く、米国も五一%とその半分以上を地下水に依存している。アジア・太平洋地域は三二%で、巨大な河川が多い中南米でも二九%と地下水への依存度は決して低くはない。

## 日本が依存する「バーチャルウォーター」

では、日本はどうだろうか。日本の農業、とくに米作は河川や湖沼などの表流水を使うことが圧倒的に多く、地下水に依存した農業は少ない。はたしてこのことから、日本人は地下水への依存度が低い、といえるだろうか。

すでに日本の食糧自給率は四〇%を切るまでに減少している。実は日本には、オガララ帯水層の地下水を使って育てられた大量の穀物や、その穀物を使って育てられた牛の肉などが大量に輸入されているのである。水を使って生産された農作物や食品などを輸入することは、間接的にその生産に使われた水を輸入していることになる。このように間接的に消費される水のことを「バーチャルウォーター」(仮想水)と呼ぶ。世界の水資源の七〇%が農業用水として使われ、その多くが地下水である。つまり食料の多くを輸入に頼っている日本は、非常に大量の「バーチャルウォーター」を輸入していることになるのである。

この問題にくわしい東京大学の沖大幹教授や環境省の試算によると、日本のバーチャルウォーターの総輸入量は年間約八〇〇億立方メートルに達すると推計され、これは日本国内での年間の総水資源使用量である約九〇〇億立方メートルに匹敵する膨大な量だ。

世界の農業生産を支えるアメリカやインドでは、地下水の枯渇が深刻化しはじめている。これは非常に気になる問題である。今後、日本を含めた世界の食糧事情は、地下水が左右するといってても過言ではない。

## 発展途上国と地下水

農業用水と並んで重要な地下水の用途は、いうまでもなく飲み水としての利用である。水道の蛇口をひねればどこでも簡単に、衛生的でおいしい水が飲める日本に暮らしているとなかなか想像しにくいのだが、世界には安全な飲み水が得られない人が一〇億人近くもいる。六人に一人が水不足に苦しんでいることになるのだ。その大部分は、アフリカやアジアの発展途上国に住んでいる。河川の汚染が進み、水道や浄水施設の整備が遅れているこれらの途上国の人々にとって、地下水はなくてはならない飲料水源である。途上国への開発支援において「井戸掘り」は非常に重要なテーマで、日本もこれまでに多くの国で地下水開発に貢献してきた。

だが、実は現在の国際社会は、飲料水の問題以上に水にまつわる深刻な問題を抱えている。それは衛生的なトイレや下水処理施設の不足という問題である。上水道の整備が遅れた途上国では衛生的なトイレの開発には、足もとにある地下水を利用することが重要な手段となっているのだ。

## 日本の地下水依存度

日本の場合は、広く上水道が普及していることもあって、このような切実な必要性をふだんの生活に感じることは少ないかもしれない。しかし地域によっては、飲料水や産業に地下水が欠かせないところもある。

蔵田延男著『日本の地下水』によると、日本で地下水を上水道に積極的に利用したのは一九一四年に佐賀市が機械掘りの削井工法で深井戸を掘り、水源としたのが最初だという。蔵田氏は工業用水についてもこの直後に「工場としても札幌市の日本麦酒ＫＫ（現在のサッポロビール）や東京荒川の隅田火力発電所が大孔径さく井による深井戸を利用しだし、その一部は現になお残存している」と記している。

表１－５は、地下水の特性とその用途をまとめたものだ。消雪用や温泉などの浴用のほか、工業過程では精密部品の洗浄用や染め物、ビールや酒などの飲料製造や夏場の冷却水としての利用もある。

水質（良質）

↑

| 地下水特性 | 用途 | 例 |
|---|---|---|
| | 飲料用 | 家庭用，商業用（ミネラルウォーターなど） |
| | 調理用 | 家庭用，営業用 |
| | 飲食品製造用 | 酒類，清涼飲料，豆腐，菓子類など |
| | 工業用（原料） | 化粧品・生コンクリート製造など |
| | 工業用（製品処理・洗浄） | 精密機器製造・染色など |
| | 養魚用 | うなぎ，あゆ，ます類など |
| | 農作物栽培用 | 施設園芸（花卉など）・水耕栽培など |
| | 浴用 | 銭湯など |
| | 消雪用 | 消雪パイプ・ヒートポンプ，ヒートパイプの利用など |
| | 温調用 | 施設園芸（ハウスメロンなど）<br>紡績・織物工業など<br>事務所用 |
| | ※温調用とは，施設内の温度または湿度の調整のために使用される地下水をいう。 | |
| | 冷却用 | プラスチック製造・ゴム製造・化学工業など |

↓

水温（温度・恒温性）

| | | |
|---|---|---|
| その他 | 湧水公園，信仰対象，温泉用，鉱業用（天然ガス採取等）など |

資料）国土交通省「平成18年版　日本の水資源」（2006年）

表1-5　地下水の用途

二〇〇七年三月に政府の「今後の地下水利用のあり方に関する懇談会」（座長・佐藤邦明埼玉大学名誉教授）がまとめた「健全な地下水の保全・利用に向けて」という報告書によると、二〇〇三年に日本全国で使われた水の量は八三九億立方メートル。このうち地下水は一二四億立方メートルで、日本の地下水利用への依存率は一四・八%となっている。その内訳は、図1-6の通りだ。

　利用量の推移は図1-7の通りで、生活用水の利用量はほぼ横ばいだが、工業用水などの利用量は低下傾向にある。工業用水としては、化学工業、鉄鋼業、パルプ・食品加工工業などで使われることが多く、地下水依存率は日本全体では約二九・五%。地域差も大きく、最も依存率が高い地域は北陸地方で、六二・七%にもなる。これに近畿地方の内陸部の五四・八%、関東地方の内陸部の四六%が次ぎ、東海地方でも四五%と比較的高い（図1ー8）。

生活用水の依存度にも地域差は大きい。最も地下水依存度が高いのは南九州地域の五四・三%で、全国平均の二二・一%を大きく上回った。山陰地方の五一・九%がこれに次いでいる。いずれも地下水の豊かな場所として知られる地域だ。このほか、四国（四一・五%）、関東内陸（四一%）、北陸（三九・八%）が、依存度が高い傾向にある（図1ー9）。ただ農業用水の場合、日本全体では圧倒的に河川や湖沼の水が使われることが多く、地下水の利用は平均で全体の六%程度にすぎない。

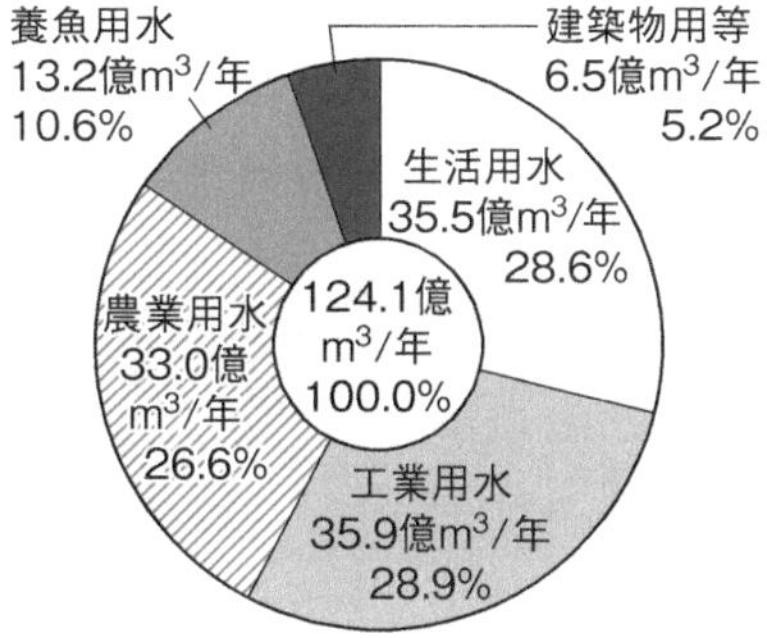


（注）1. 生活用水及び工業用水（2003年度の使用量）は国土交通省水資源部調べによる推定。
2. 農業用水は，農林水産省「第4回農業用地下水利用実態調査（1995年10月～1996年9月調査）」による。
3. 養魚用水は国土交通省水資源部調べによる推定。
4. 建築物用等は環境省「全国の地盤沈下地域の概況」によるもので，地方公共団体（29都道府県）で，条例等による届出等により把握されている地下水利用量を合計したものである。

資料）国土交通省「平成18年版　日本の水資源」（2006年）

図1-6　日本の地下水利用の用途別割合

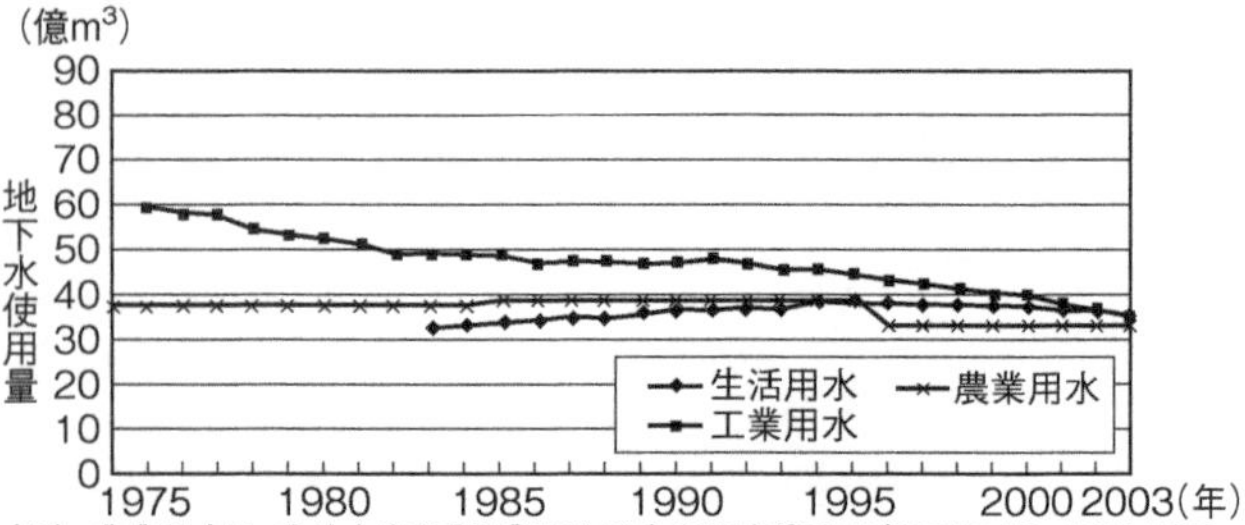


(注) 農業用水は，農林水産省「農業用地下水利用実態調査（1974年4月～1975年3月調査，1984年9月～1985年8月調査及び1995年10月～1996年9月調査）」による。

図1-7　地下水使用量の推移

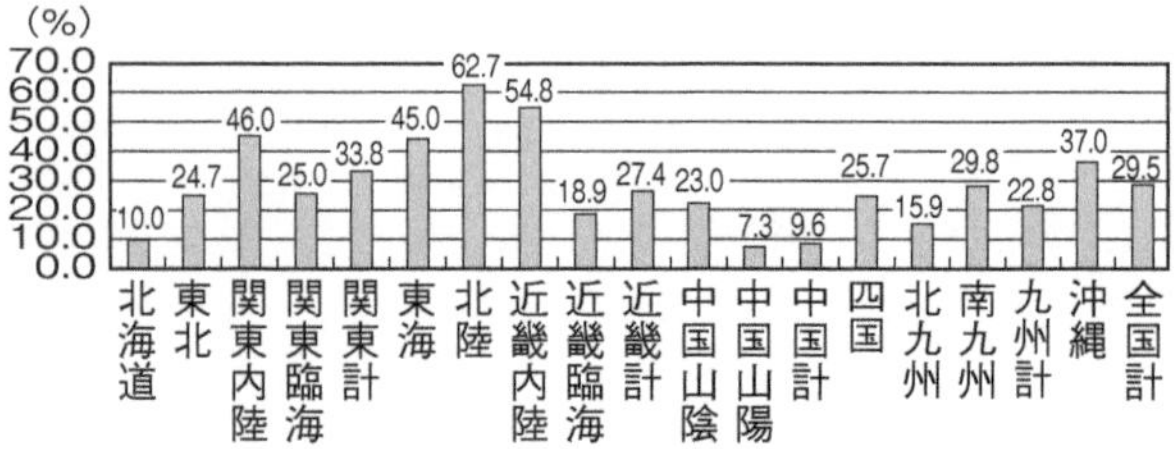


図1-8　工業用水に占める地下水の地域別割合

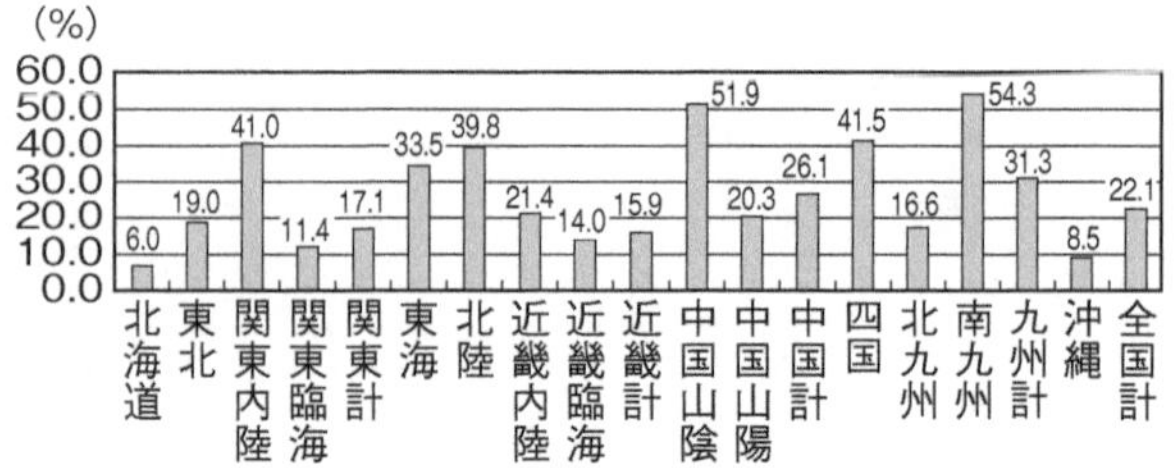


図1-9　生活用水に占める地下水の地域別割合

（図1-7、1-8、1-9とも国土交通省「平成18年版　日本の水資源」〔2006年〕より）

| 県名 | 使用量（千$m^3$/年） | 地下水依存率（%） |
|---|---|---|
| 静岡 | 347,524 | 62.3 |
| 埼玉 | 197,413 | 22.0 |
| 兵庫 | 191,384 | 26.5 |
| 岐阜 | 175,693 | 72.0 |
| 東京 | 173,231 | 10.7 |
| 三重 | 163,208 | 59.5 |
| 栃木 | 152,157 | 58.9 |
| 愛知 | 151,390 | 16.1 |
| 熊本 | 148,478 | 88.3 |
| 長野 | 146,426 | 49.0 |

表1-11　年間の水使用量に地下水が占める割合（2005年）

| 県名 | 地下水の占める比率（%） |
|---|---|
| 鳥取 | 99.3 |
| 熊本 | 86.9 |
| 福井 | 74.1 |
| 三重 | 69.6 |
| 岐阜 | 67.2 |
| 徳島 | 66.5 |
| 群馬 | 63.2 |
| 島根 | 61.4 |
| 静岡 | 58.6 |
| 愛媛 | 57.3 |
| 山梨 | 57.2 |
| 栃木 | 52.5 |

表1-10　水道水に地下水が占める割合（2005年）

（表1-10、1-11とも鎌形香子らによる）

## 地下水依存度の自治体ランキング

日本地下水学会の鎌形香子さんと村田正敏さんらのまとめによると、水道水の中で地下水への依存度が最も高いのは鳥取県でなんと九九・三％。県民が使用する水のほぼ全量を地下水でまかなっていることになる。二位は、豊かな地下水が存在することで有名な熊本県の八六・九％、三位は福井県の七四・一％、四位は三重県の六九・六％だった（表1－10）。

ただし、地下水の使用量が抜きんでて多いのは静岡県で、依存度は六二・三％ながら一年間に三億四七五二万立方メートルを利用していた（表1－11）。富士山周辺に存在する豊富な地下水が静岡県民の暮らしを支えているといっても過言ではないだろう。

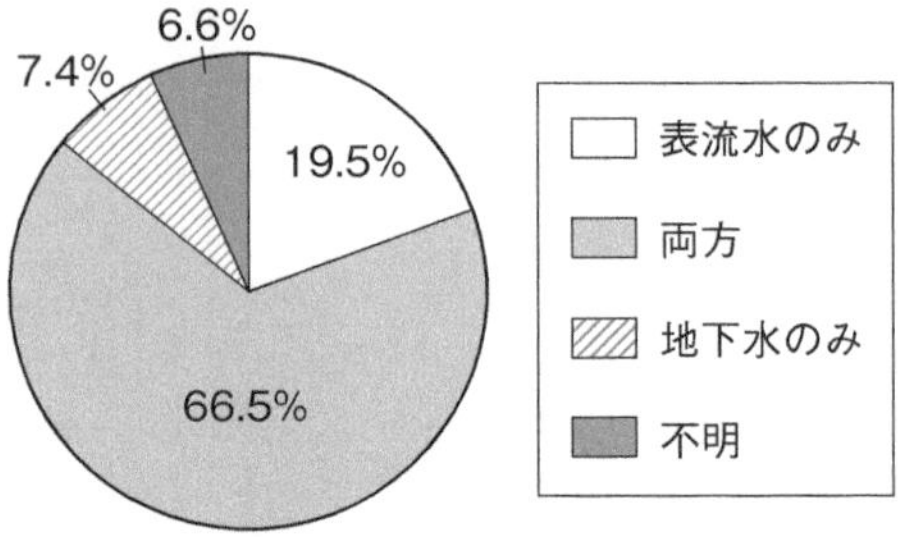

図1-12　地下水を飲んでいる人の割合

市町村合併が進むなかで「湧水町《ゆうすいちょう》」という新しい町の名前を選択した自治体が鹿児島県にある。県北部、霧島からの湧水に恵まれた旧吉松町と旧栗野町が合併して二〇〇五年に生まれたこの町の名前を公募した結果である。湧水町の中央部には九州第二の河川、川内川《せんだいがわ》が流れ、流域に水田地帯を形成している。豊かな地下水が湧き出る池が多く存在し、水道水源や水田の灌漑用水として利用されている。

では、日本中で毎日のように地下水を飲んでいる人はどれだけの数になるのだろうか。

鎌形さんらによると、二〇〇五年の日本の水道利用者（計画給水人口）、一億一七七八万人のうち、表流水だけを利用しているのは二二九二万人で、全体の一九・五％でしかない。表流水と地下水の双方を利用している人が六六・五％とほぼ三分の二、地下水だけの人は全体の七・四％となっている（図1－12）。ただし実際にはこのほかに、ペットボトルに入った地下水を飲んでいる人が多数いるのだから、この数字以上に多くの日本人が地下水のお世話になっているはずである。

## 地下水文化の形成

地下水が豊かな場所では、その地域に独特の「地下水文化」とも呼べるものが形成されていることにも、少し触れておきたい。その典型的な例は、日本の古都・京都にみることができる。

周囲を山に囲まれ、東側に鴨川、西側に桂川という二つの河川が流れる京都の町は、日本でも非常に地下水が豊かな場所の一つだ。関西大学環境都市工学部の楠見《くすみ》晴重《はるしげ》教授によるシミュレーションの結果、京都盆地の地下には巨大な帯水層が存在していることがわかった。その規模はといえば、地下の岩盤まで最も深いところでは八〇〇メートルにも及び、地下に貯留する水量は二一一億立方メートルと推定されるという。なんとこれは、琵琶湖の水量の約八〇%にも達する量である。

このような大帯水層をもつ京都市内では、平安時代から数多くの井戸が掘られ、人々は非常に長い歴史を地下水とともにしてきた。京都の文化と地下水との間には、切っても切れない関係が成り立っているのである。

一九八四年に発表された、京都の地場産業と地下水に関する研究がある。そこでは、伏見の酒に代表される酒造業、友禅染などの染色業、豆腐や湯葉、生麩、菓子作りなど、京都の伝統的な産業と地下水との関連が報告されている。たとえば染めむらのない染め物を仕上げるうえで、あ

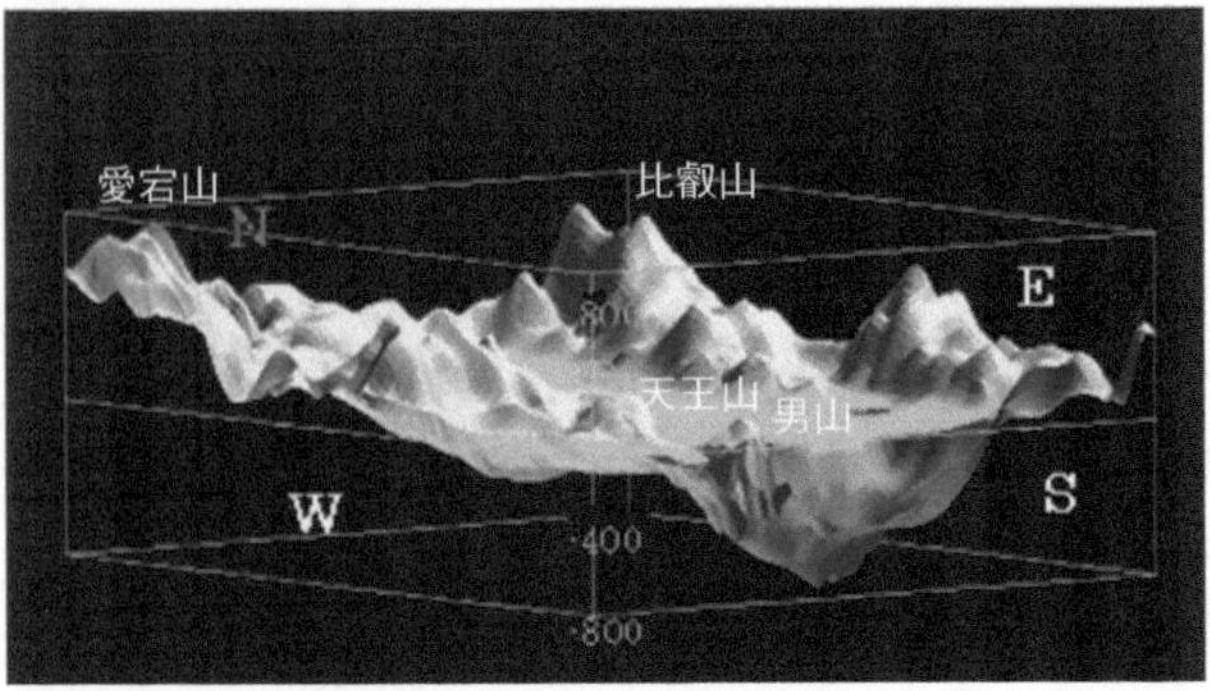


図1-13　京都盆地地下の巨大帯水層（右下の窪み）のシミュレーション画像（楠見晴重氏提供）

るいは和菓子のあんこをさらす工程でも、温度の変化が少なく安定している地下水が欠かせないとの地元業者の声が紹介されている。京都が生んだ、日本を代表する数々の文化は、地下水によって培われたといっても過言ではないのである。

## 地下水の新たな利用法

近年では地下水の性質に着目した新たな利用法も次々と生まれてきている。その性質とは、あとでくわしく述べるが温度が一定なため、外気と比較して夏は冷たく冬は温かいことである。

これを利用しているのが、ウナギの養殖である。コイやマスなどの養殖では河川水を利用することが多いが、もともと熱帯の魚で高温を好むウナギの養殖池の水源としては、冬場に水温を上げる燃料のコストが低くてすむことから、地下水が広く使われている。

また、ビニールハウスなどでの温度調節にも、温度が高い地下水をハウス内にノズルで散布するウォーターカーテンという方法が開発された。

近年、地下水の新たな用途として注目されているものに、ヒートアイランド対策への利用がある。ヒートアイランドとは、エアコンなどの空調機器や自動車などから出る人工的な「排熱」の増加によって、主に都市部で地表部の気温が周辺部より高くなる現象で、郊外に比べて島のような形の高温部分が形成されることから、こう呼ばれるようになった。道路が舗装されたり、コンクリートの建築物が増えたりすることもヒートアイランドを加速させることがわかっている。

環境省によると、一九八〇年に気温が三〇度を超えた延べ時間は、仙台市で三一時間、東京都で一六八時間、名古屋市で二二七時間だったのだが、二〇〇〇年にはそれぞれ、九〇時間、三五七時間、四三四時間と、急増する傾向にある。これに地球温暖化傾向も加わって都市部の夏の気温は上昇の一途をたどっていて、熱中症の増加や睡眠障害といった健康への影響や、大気汚染の悪化など、人間生活に大きな影響を与えている。ヒートアイランドがひどくなるとエアコンなど冷房用のエネルギー消費量が増え、さらに地球温暖化とヒートアイランドを悪化させるという悪循環に陥ることが懸念されている。

ヒートアイランド対策としては、透水性や保水力の高い舗装にして気化熱によって路面を冷やす方法や、屋上緑化などがあるが、最近になって注目されているのが地下水の利用だ。

最も単純なのは夏場に気温よりも温度が低い地下水をくみ上げて散水し、路面などの温度を冷やす手法で、昔から行われてきた「打ち水」と同じ原理である。また、空調機器などからの排熱を使って地下水を温め、これを地下に戻すことで地上の温度を下げようというアイディアもある。これには冷媒を使った熱交換システムや、ヒートポンプなどの技術が利用される。ヒートポンプはわずかな熱を利用して、冷房や暖房を効率よく行う装置で、「夏は冷たく、冬温かい」地下水とヒートポンプを利用した冷暖房システムは、新たな地球温暖化対策としても注目され、各地ですでに実用化が始まっている。

もちろん、熱を地下に運ぶことによる地下環境への影響も考えなければならないが、環境省は地下水を利用してヒートアイランド対策を進める「クールシティ推進事業」を開始し、地中熱を利用した冷暖房システムや、地下水をくみ上げて舗装道路や建物の壁面に散布して、ヒートアイランド対策を進める際の効果とエネルギー消費量の研究などを進めている。

コラム

# 地下水が生んだ食文化

地下水と切っても切れない食品に豆腐がある。豆腐づくりでは原料の大豆の品質に次いで重要なのが水だといわれている。大豆を水に浸して柔らかくする最初の段階から、型に入れた豆腐を水にさらす最後の工程まで、大量の水を使用するうえ、そもそも豆腐の九〇%近くは水分だからだ。夏場に水温が高くなりすぎると豆腐の品質が損なわれることも知られている。したがって、年間を通じて水温や水質の変化が少ない地下水が重要なのである。

もうひとつ、地下水が欠かせない食品が蕎麦だ。地下水豊かな東京都の武蔵野台地にある深大寺（調布市）の周辺では、古くから蕎麦が栽培され、実った実を粉にするのに湧水が使われてきた。湧水を水源とする逆川《さかさがわ》という川には、明治末期に地元の人々が水車組合を作り、お金を出しあって建てた水車小屋があった。コシの強い蕎麦を打つにも大量の冷たい湧水が不可欠で、「深大寺そば」は多くの人にその名を知られている。

京料理に欠かせない生麩《なまふ》は、小麦の中に一〇%前後含まれるタンパク質が主成分だ。小麦粉に水を加えては練っているうちに炭水化物が抜け、もちもちしたグルテンだけが残る。これにヨモギやゴマなどの素材を加えて生麩になるわけだが、京都の食材店「麩嘉《ふうか》」によると、グルテンの製造過程で最も大切なのが水だという。たとえば冬場、冷えきった水道水でグルテンを練ると、いきなりきゅっと縮んで弾力性がなくなってしまう。だから水温の安定した地下水に恵まれた京都は、生麩の代表的産地なのだという。「麩嘉」もある京都の錦商店街には共同の井戸があってさまざまな食品加工に利用され、地域が誇る「味」の形成に貢献している。

第2章

# 地下水を味わう

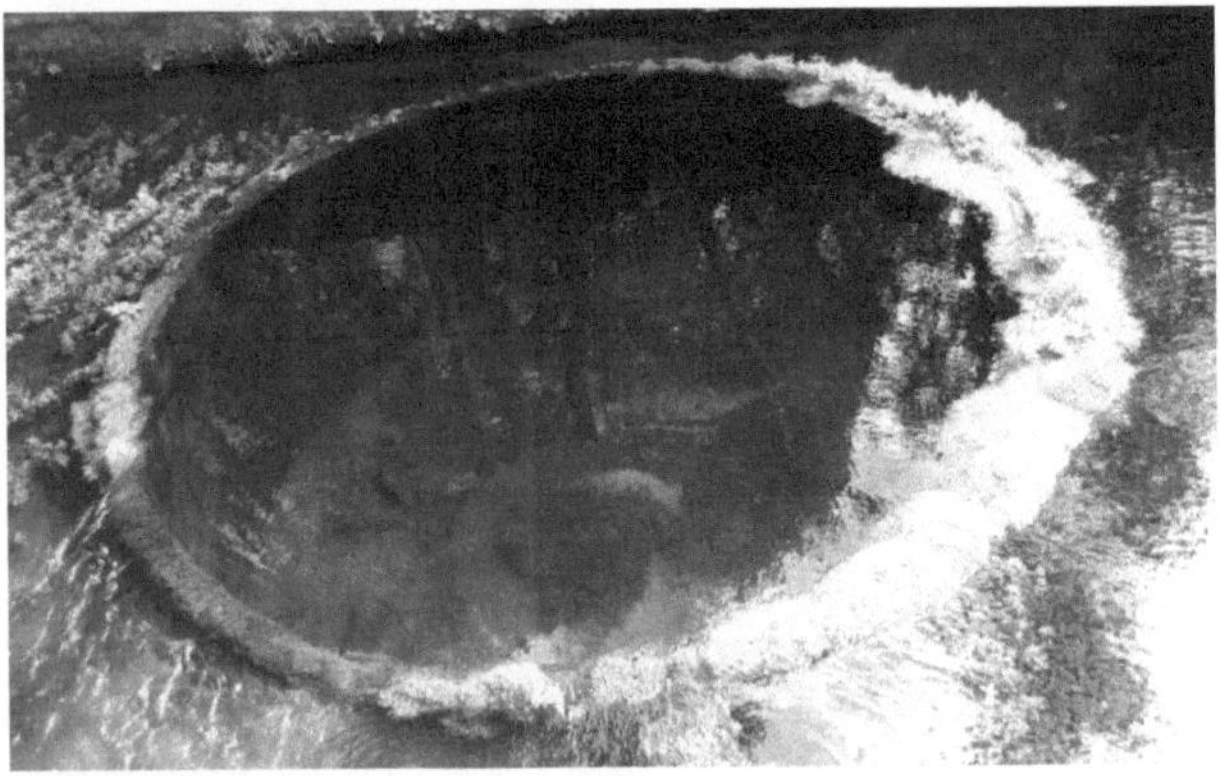

柿田川の湧水

## 美しき湧水

ＪＲ東海道本線三島駅から徒歩で三〇分足らず、富士山を望む公園の中や川のほとりに、澄み切った水が湧き出す泉が散在している。季節によっては、泉の底の砂を巻き上げて湧き出す水の中に、小さな白い花をつけた水草が揺れる姿を見ることもできる。日本の「名水百選」にも選ばれている静岡県の柿田川湧水群は、国内最大級の湧水量を誇る湧水群だ。

この一帯は、長さが一二〇〇メートルと日本で最も短い一級河川「柿田川」の水源になっている。清流にはさまざまな水草のほか、魚や甲殻類、ヤゴやホタルが生息し、カワセミなどの野鳥が姿を見せることもある。川沿いに整備された公園の中には遊歩道が整備され、柿田川の水源を見ることもできる。

開発によって枯渇したり、破壊されたりしたものも少

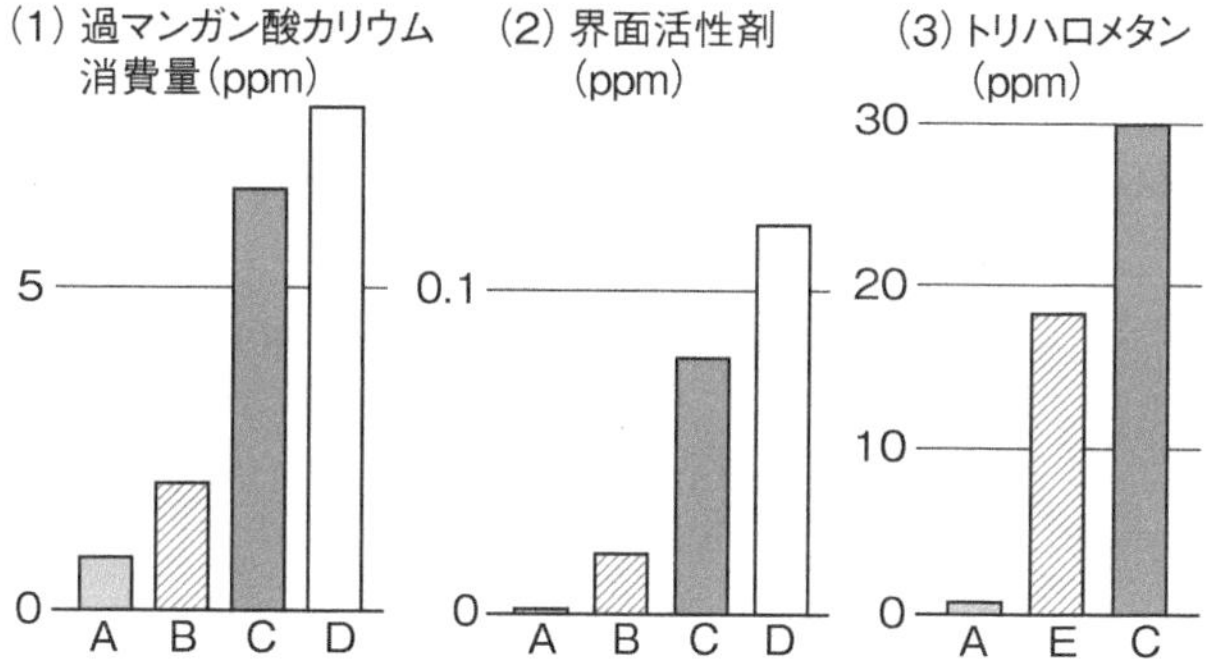


〔水源〕A：地下水(昭島)　B：多摩川上流　C：荒川中流　D：江戸川
E：BとCの混合

図2-1　東京の水道水の水質比較(『やさしい地下水の話』より〔1993〕)

なくはないが、古くから地元の人々に親しまれ、利用されてきた柿田川湧水のような湧水を、まだまだ日本国内の多くの土地で目にすることができる。そして、そのような多くの湧水が、冷たくおいしい飲み水を私たちに提供してくれているのである。

## なぜ地下水はきれいなのか

地下水が地下のどこを流れているのか、地形によってどのように姿を変えるのか、などについては第4章でくわしく解説するが、地下の砂礫《されき》層の中などをゆっくりと移動してきた地下水は、自然の濾過《ろか》や浄化作用を受けているために、一般的に河川水や湖沼水などに比べてその水質は非常に良好だ。

少し古いデータではあるが、図2-1は、東京都内の四種類の水道水について、発がん性が指摘されている消毒副生成物のトリハロメタン、洗剤に使われる界面活性剤、水の中に含まれる化学物質や汚染物質の量の指標となる過マンガン酸カリウム消費量の三項目を比較したものだ。一番左のAのグラフが地下水だけを水源とする昭島市の水道水のデータで、それ以外は河川水を水源としている浄水場の水道水のデータである。

いずれの項目でも、昭島市の水道水には有害物質や汚染物質の量が非常に少ないことがわかる。トリハロメタンは原水の消毒のために塩素を加えるときにできる有害物質だが、地下水を水源とする水道水には反応のもとになる有機汚染物質が少ないために、同じような塩素消毒をしても生成されるトリハロメタンの量が少ないのだと考えられる。一般的な傾向として、地下水は河川水などよりもはるかにきれいな水であると言って間違いないだろう（地下水の汚染については第7章でくわしく述べる）。

そして、われわれが口にする飲み水の中のこのような有機物質に加えてその他の微量成分の違いが、水の味にも深く関わっているのである。

## 地下水の「味」

よく知られていることであるが、溶存成分（水に溶けこんだ成分）をまったく含まない「純水」や「蒸留水」は、飲んでもおいしくない。しかし、溶存物質の中にも、水をおいしくする物質もあれば、まずくする物質もある。

最近ではかなり水質が向上したが、大都市圏では水源の水質が悪化し、それを処理した水道水がまずいことが問題になった。「塩素の臭いがする」という苦情の原因は塩素消毒の関連物質が水の中に残っているからで、「かび臭い」のは、富栄養化が進んだ河川や湖沼で大量に発生する植物プランクトンが生産する「かび臭物質」が、ごく微量ながら水道水の中に混ざっているからだ。水に対する人間の味覚は、非常に鋭いのである。

それでは水をおいしくする物質とは、どのようなものなのだろうか。「おいしい水」とはどのようなもので、はたして地下水は「おいしい水」なのだろうか。

といっても「おいしい」「おいしくない」の判断には多分に個人差がある。同じ水でも暑いときやのどが渇いたときに飲めばとてもおいしく、寒いときやのどが渇いていないときには、それほどおいしいとは感じないだろう。また、おなじ水でも温度によって、おいしいと感じたり、まずいと感じたりすることも実験などで報告されている。常温ではミネラルウォーターに比べてあまりおいしくない、とされる水道の水でも、人間が最もおいしいと感じる温度である一二〜一三度にすると、常温のミネラルウォーターよりもおいしいと答える人の数が増えたという。

これもよくいわれていることだが、水のおいしさを左右するものに「硬度」という指標がある。

水の硬度とは、マグネシウムとカルシウムの濃度から一定の計算式にもとづいて算出される値のことだ。カルシウムやマグネシウムを多く含む水が「硬水」で、含有量が少ない水が「軟水」である。地下水は、地層中を流れるにつれて土壌や岩石から鉱物成分を溶かし込んで、溶存成分が増える。硬度の違いは、それぞれの地下水が流下する地域の特性を示しているのである。このことから、水質を地下水の流動の解析に用いることもある。

一般に欧州の水は硬度が高いことが知られているが、これは石灰岩を多く含む地層が発達していることに加え、日本と違って急峻《きゅうしゅん》な土地が少なく、広大で長い距離の地層中をゆっくりと流れる地下水が多いためである。

硬度の高い水を飲み慣れている欧米人にとって、日本人がおいしいと感じる水は物足りないと感じるようだ。日本人にとっては、欧州のミネラルウォーターが多数輸入されるようになった昨今では少し変わってきたものの、逆に、ミネラル分が非常に多い欧米の硬水は、口に合わないようである。

## おいしい水の要件

それでも人間がおいしいと感じる水には何らかの共通点があるはずだ、として厚生省（当時）が一九八四年に、私的研究会「おいしい水研究会」を発足させた。河川や湖沼の汚染が進んで「水道水がまずい」と盛んに話題にされていたころだ。翌年に発表された報告書は、おいしい水の要件として表2－2のような結論を盛り込んだ。

これを見てわかるように、「おいしい水」とは、適度のミネラル分や炭酸ガスを含み、有機物などはほとんど含まれていない、いやな臭いや味がしない水であるとされた。水温は、体温より二〇度から二五度程度低い温度、つまり一〇度から一五度くらいがおいしいとされている。

蒸発残留物とは、水が蒸発したあとに残る物質の総称で、マグネシウム、カルシウム、カリウム、ナトリウムやシリカなどの総和である。適度に含まれると水はコクのあるまろやかな味になるが、あまり多くなると苦味や渋味の原因になるとされている。

| | |
|---|---|
| 蒸発残留物 | 30～200mg/ℓ |
| 硬度 | 10～100mg/ℓ |
| 遊離炭酸 | 3～30mg/ℓ |
| 過マンガン酸カリウム消費量 | 3mg/ℓ 以下 |
| 臭気度 | 3 以下 |
| 残留塩素 | 0.4mg/ℓ 以下 |
| 水温 | 10～15℃ |

表2-2　おいしい水の水質要件

硬度はすでに紹介したように、カルシウムとマグネシウムの量の和である。地下水はカルシウムとマグネシウムの炭酸水素塩という物質と、食塩（塩化ナトリウム）がごくわずかずつ溶け込んだものと考えていいという。ただ、日米と欧州では硬度の定義が多少違う。日本とアメリカでは水一リットル当たりに含まれる炭酸カルシウム（ミネラルの一種）の量に換算して示され、カルシウムイオンの量を二・五倍、マグネシウムイオンの量を四・一倍して加えた値となっている。

欧州の水には硬度が高いものが多く、日本でも最近売られるよ

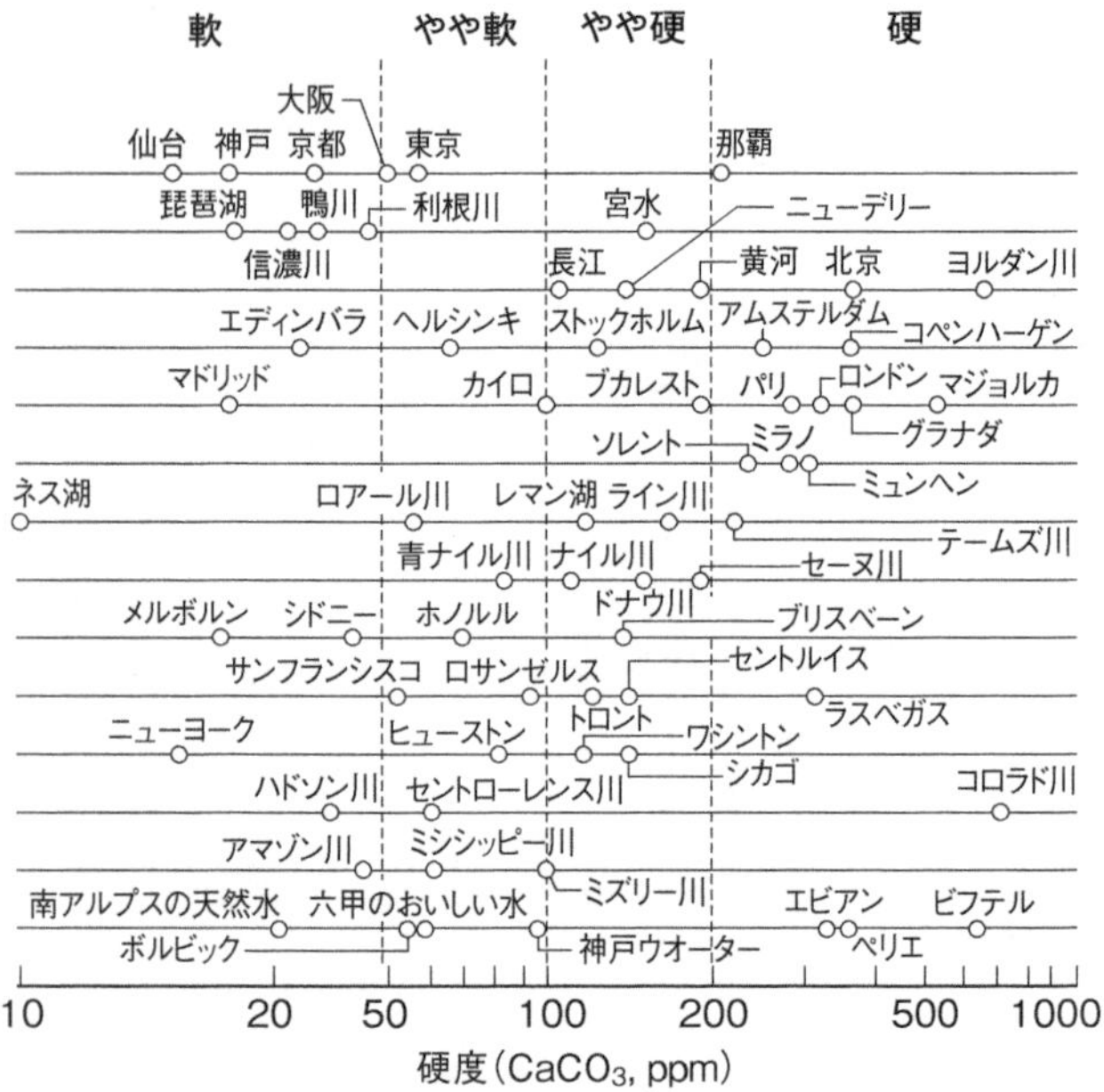


図2-3　世界の地下水の硬度（『水の話・十講』による）

うになったドイツの「エンジンガー・スポルト」というミネラルウォーターの硬度は一八二八ミリグラムで、現在、世界中で流通するナチュラルミネラルウォーターの中で最も硬度が高いとされている。メーカーによると、水源はシュバルツバルト（黒い森）の近くの自然公園の地下、二〇〇メートルの地点から採取された水とのことである。軟水が多い日本のミネラルウォーターには硬度が三〇〜四〇程度のものもあるから、この水の硬度がいかに高いかがわかるだろう。

硬度の低い水を飲み慣れた日本

人が欧州に出かけて硬度の高い水を飲むと、下痢をすることがある。硬度の高い水の中には、マグネシウムが炭酸水素塩ではなく、硫酸塩の形で溶け込んでいるものが多い。硫酸マグネシウム（$MgSO_4$）は、便秘の薬、つまり下剤に使われる物質なのだ。

一般に軟水とは硬度が一〇〇ミリグラム以下の水、硬水とは一〇〇ミリグラム以上の水のことである。水の硬度が高いと、味としては「しつこい」、硬度が低すぎると「淡泊でコクがない」などと表現されることが多い。また、水の中のマグネシウムが多いと苦味を感じることが多いとされる。

表2－2にある遊離炭酸とは、水の中に含まれる炭酸ガスのことだ。欧米ではよく「ガス入りの水」が売られている。多くは炭酸ガスを人工的に圧入した水だが、天然でも炭酸ガス濃度が高い水が存在する。「ガス入りの水」はピリピリと舌を刺激するのだが、それほどではなくても、水の中の炭酸ガスは水の味を決めるうえで大きな意味を持っている。適度に含まれていると、さわやかで新鮮味のある水になり、少ないと味気ない、気の抜けたような水になると言われることが多い。

表の中で「以下」とされている過マンガン酸カリウム消費量、臭気度、残留塩素の三つの物質の量は、少なければ少ないほどいいとされている。消毒に使った塩素の残り、残留塩素が多いと水はまずく感じられて「塩素臭い」「カルキ臭がする」などと嫌われるし、鉄分が多いと「錆く

| 都道府県 | 都市 | 主要な水源 |
| --- | --- | --- |
| 北海道 | 帯広市 | 札内川（伏流水） |
| | 苫小牧市 | 勇払川、幌内川 |
| 青森県 | 青森市 | 横内川 |
| | 弘前市 | 岩木川 |
| 秋田県 | 秋田市 | 雄物川 |
| 栃木県 | 宇都宮市 | 大谷川、浅井戸 |
| | 小山市 | 思川、深井戸 |
| 群馬県 | 前橋市 | 深井戸 |
| 埼玉県 | 熊谷市 | 浅井戸 |
| 富山県 | 富山市 | 常願寺川 |
| | 高岡市 | 浅井戸、深井戸 |
| 石川県 | 金沢市 | 犀川 |
| 福井県 | 福井市 | 深井戸、九頭龍川 |
| 山梨県 | 甲府市 | 荒川、釜無川 |
| 長野県 | 松本市 | 浅井戸、深井戸 |
| 岐阜県 | 岐阜市 | 長良川（伏流水） |
| | 大垣市 | 深井戸 |
| 静岡県 | 静岡市 | 安部川（伏流水）、深井戸 |
| | 沼津市 | 柿田川（湧水） |
| | 富士宮市 | 椿沢（湧水） |
| 愛知県 | 名古屋市 | 木曽川 |
| | 豊橋市 | 豊川（伏流水） |
| 三重県 | 津市 | 長野川、雲出川 |
| | 松阪市 | 浅井戸 |
| 鳥取県 | 鳥取市 | 千代川（伏流水） |
| | 米子市 | 浅井戸、深井戸 |
| 岡山県 | 岡山市 | 旭川、吉井川 |
| 広島県 | 広島市 | 太田川 |
| 山口県 | 山口市 | 浅井戸 |
| 高知県 | 高知市 | 鏡川 |
| 熊本県 | 熊本市 | 深井戸、浅井戸 |
| 宮崎県 | 都城市 | 深井戸 |

表2-4　水道水のおいしい32の都市（人口10万人以上）

さい水」「金気がある」などと敬遠されることになる。

過マンガン酸カリウム消費量とは水の中に含まれる有機物の量、つまり汚染物質の量の指標となる値で、これが多いと、さまざまな理由で水の味を悪くすることになる。また、よくいう「水が腐る」という現象もこの有機物が原因である。消毒のときに使う塩素の量も多くなってまずくなるほか、有害な消毒副生成物の量を増やす原因にもなるので、安全上も問題になりかねない。「おいしい水は安全な水でもある」というのも「おいしい水研究会」の結論の一つだった。

研究会がこのような報告書を発表したのは、先にも述べたように「水道の水がまずい」との声が高まったのが理由の一つだった。ただ、一口に「水道の水」といっても原水の水源や水質は場所によって大きく異なる。人口が集中している都市部の水は汚れていて、そもそも味を損なう物質や臭気の原因となる物質が多い。汚い水を処理するためには大量の塩素消毒剤を使わねばならないのでお金もかかるし、塩素臭なども抜けずにまずい水になる。これに対して、もともときれいな水を、あまり薬品などを使わず味を損なうことなく供給している自治体の水道水は、おいしいということになる。

研究会は当時、おいしい水のガイドラインと同時に、人口一〇万人以上の都市の中で「水道水のおいしい都市」を三二ヵ所選定し、それぞれの項目のデータも公表している（表2－4）。

このうち、「主要な水源」に深井戸、浅井戸、伏流水、湧水などと記されているものが、地下水を水源に使っている水道である。すべてではないにしても、三二ヵ所のうち二〇ヵ所が地下水を水源にしている水道である。なかでも熊本市の水道水は、非常においしい水だと評価されたという。地下水が安全でおいしい水であることは、これらのデータからもわかる。

## 名水百選

厚生省の「おいしい水研究会」がこのような結果をまとめたのと同じ一九八五年に、環境庁（当時）が発表した「名水百選」が大きな注目を集めた。

当時の環境庁の資料には「水に関する国民の関心が高まってきているが、これも『よりきれいな水』、『自然のままの水』を希求する国民の気持の現れと考えられる」とある。そして、「全国各地に『名水』等として、古くから引き継がれているもの等も多く、これらの水については、今後ともその保全に努めていくことが重要である」としている。大仰な文章ではあるが、水質汚染が深刻化する一方で、きれいな水を守ろうとの市民運動も高まってきた当時の状況を背景に、水に対する意識の向上をめざそうという役所の意図が見てとれる。

調査対象は井戸を含む湧水と河川などで、「水質・水量、周辺環境（景観）、親水性の観点からみて、保全状況が良好なこと」と「地域住民等による保全活動があること」が必須条件とされ、このほか、規模、故事来歴、希少性、特異性、著名度などが勘案されたという。河川については、水域の水質が良好で、水に関連する特別な行事が行われているなどの特徴があり、水質保全活動がとくに優れていることが条件とされた。

調査は各都道府県に依頼して行われ、一九八四年九月までに各都道府県から七八四件の候補地の報告があった。これらの中から学識経験者による検討会の結果をふまえて一〇〇ヵ所が「名水百選」として選ばれた。その詳細は、本書巻末の「名水百選ガイド」をご覧いただきたい。

この「名水百選」は、関連のビデオも発売されるなど大きな注目を集め、なかには休みの日に多数の観光客が水をくもうとして長蛇の列をつくり、混乱を招いたこともあった。

ただ、必ずしも「名水イコールおいしい水」というわけではなかったし、なかには飲用に適さない水もあった。一部の水から汚染物質が検出されたことが報道されて、環境庁が「飲用に適することを保証するものではないので、飲む場合は、担当の自治体に問い合わせてほしい」と広報したり、水の採取を禁じる自治体が出たり、「飲用不可」との看板を掲げる自治体が現れたりするという一幕もあった。

それでも、選ばれた一〇〇ヵ所のうち湧水（第3章で詳述）が全体の約七〇%、井戸や自噴井《じふんせい》（第4章で詳述）などが一〇%と、全体の約八〇%を地下水が占め、地下水が古くから人々に親しまれてきたことの証しの一つとなった。すべての都道府県から最低一ヵ所は選ぶという方針だったが、一ヵ所だけの自治体は一〇府県あった。最も多い四ヵ所が選ばれたのは熊本県と富山県。いずれも地下水が非常に豊富な場所である。

「名水百選」の中には、八ヶ岳南麓高原の湧水群、柿田川湧水群や忍野《おしの》八海《はっかい》、磐梯西山麓湧水群など、火山の周囲に発達した湧水群も少なくない。柿田川湧水群はこの章の冒頭で紹介した、富士山の周囲に湧き出す著名な湧水である。富士山に限らず、火山とその周囲の地下水は「天然のダム」と言っていい。この恵みをないがしろにして、膨大な費用を投じ、河川や周囲の環境を破壊して巨大な人工ダムを造るのは正しいことではないように思う。自然がわれわれに与えてくれた天然のダムをきちんと利用することが、「持続可能な開発」が重要なキーワードになった今世紀の行き方なのではないだろうか。

| | | |
|---|---|---|
| ナトリウム（$Na^{+}$） | カリウム（$K^{+}$） | カルシウム（$Ca^{2+}$） |
| マグネシウム（$Mg^{2+}$） | 炭酸水素（$HCO_3^{-}$） | 塩素（$Cl^{-}$） |
| 硫酸（$SO_4^{2-}$） | 硝酸（$NO_3^{-}$） | シリカ（$SiO_2$） |

表2-5　地下水の主要溶存成分

## 「味」をグラフで表す

地下水の水質を議論する際に重要視されている項目が、九種類の溶存化学物質の成分だ（表２－５）。これら九項目は人間の健康への影響ではなく、地下水そのものの性質の違いを調べるうえでの基準となるもので、「主要溶存成分」と呼ばれる。

これらに加え、電気伝導度、ｐＨ、ＲｐＨ、ＤＯ（溶存酸素）、鉄、マンガン、過マンガン酸カリウム消費量、生物化学的酸素要求量（ＢＯＤ）、化学的酸素要求量（ＣＯＤ）などが地下水の水質を調べる際に重要で、これらも測定することが望ましいとされている。ＲｐＨというのはあまり耳慣れない言葉だが、「ばっ気ｐＨ」などと呼ばれることもある項目で、水の中に空気を十分通して水の中に含まれる炭酸ガスを除去したときの酸性度（ｐＨ）のことである。季節や状況によっては炭酸ガスが水に溶け込んで酸性になることがあり、この影響を除去するためにＲｐＨの測定が必要になることがある。

表２－６は、日本地下水学会編『名水を科学する』による日本の名だたる名水の成分分析の結果だ。四ヵ所の地下水の成分が、それぞれかなり違っている

| 名水の名称 | $HCO_3^-$ (me/ℓ) | $Cl^-$ (me/ℓ) | $SO_4^{2-}$ (me/ℓ) | $NO_3^-$ (me/ℓ) | $Na^+$ (me/ℓ) | $K^+$ (me/ℓ) | $Ca^{2+}$ (me/ℓ) | $Mg^{2+}$ (me/ℓ) | Σ－ (me/ℓ) | Σ＋ (me/ℓ) | 差 (me/ℓ) |
|---|---|---|---|---|---|---|---|---|---|---|---|
| 龍泉洞 | 1.416 | 0.076 | 0.037 | 0.027 | 0.126 | 0.002 | 1.397 | 0.106 | 1.557 | 1.632 | 0.075 |
| 金沢清水 | 1.049 | 0.411 | 0.505 | 0.012 | 0.404 | 0.046 | 1.162 | 0.386 | 1.979 | 1.999 | 0.020 |
| 龍ケ窪湧水 | 0.390 | 0.047 | 0.124 | 0.006 | 0.134 | 0.033 | 0.309 | 0.082 | 0.569 | 0.559 | −0.010 |
| 白川水源 | 0.782 | 0.203 | 0.856 | 0.074 | 0.374 | 0.099 | 0.983 | 0.509 | 1.916 | 1.966 | 0.050 |

（注）小数点以下4桁目を四捨五入。me/ℓ はミリグラム当量表示

表2-6　4つの名水の成分分析結果（日本地下水学会による）

ことがわかる。

四ヵ所の名水の分析結果からもわかるように、八項目に限ってみても測定結果はバラバラで、それを総合的にどう評価するかは非常に難しい。そこで測定結果を一つの図にまとめ、視覚的にもわかりやすく表現するために考えられた方法が、ダイアグラムである。

図2－7は、スティフダイアグラムと呼ばれるもので、中央の線より右側が塩化物イオン、炭酸水素イオン、硫酸イオン（または硫酸イオン＋硝酸イオン）と三分類したマイナス（陰）イオン、左側が、ナトリウムイオン＋カリウムイオン、カルシウムイオン、マグネシウムイオンという三分類のプラス（陽）イオンの成分を示している。各イオンの濃度は中央の線からの距離で示され、線から遠いほど濃度が高いことを示している。

こうして六角形を描いてみると、図形のパターンや面積の大小から、それぞれの地下水の性質を直観的に把握することがで

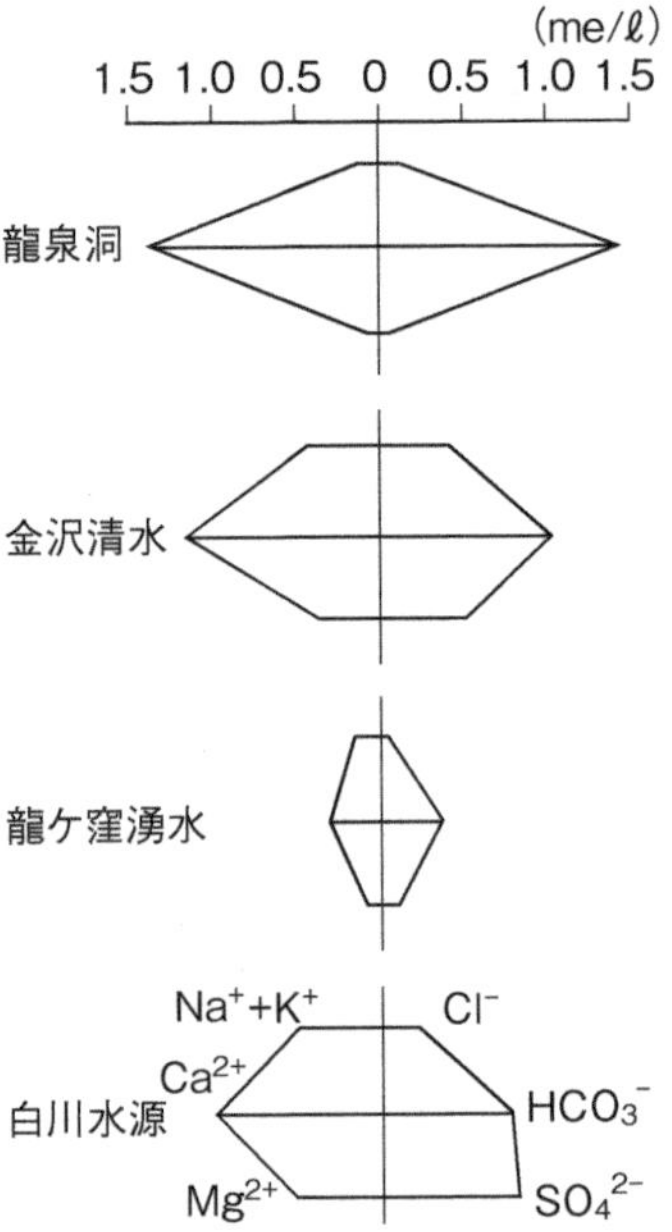


図2-7　スティフダイアグラムによる4名水の比較（日本地下水学会による）

きるようになる。描かれた六角形の面積からは地下水に溶け込んでいる物質の絶対量の大小が簡単にわかり、六角形の形状のパターン認識によって、水質の特徴も直観的に理解できるというのがこの手法の特徴だ。

四つの名水のうち龍ケ窪湧水は、ほかの三つに比べて六角形の面積が小さく、水の中に溶け込んでいる成分が少ないことがわかる。硬度についても、龍泉洞の水に比べて、龍ケ窪湧水は小さいことが見てとれる。

グラフの形から、地下水に含まれる陰イオンと陽イオンの組み合わせによって、炭酸水素カルシウム型、塩化カルシウム型、硫酸カルシウム型、塩化ナトリウム型、炭酸水素ナトリウム型などのいくつかのパターンに分類することができる。図で見ると、龍泉洞は炭酸水素カルシウム型、白川水源の地下水は、硫酸カルシウム型ということになる。

このダイアグラムにはいくつかのバリエーションがあるが、いずれも六角形なのでギリシャ語で「六」を意味する「ヘキサ」を冠して「ヘキサダイアグラム」とも総称されている。

ヘキサダイアグラムは地下水の特徴を表現するのに非常に有効なのだが、地下水のサンプル一つひとつについて、このダイアグラムを作ってそれぞれを比較しなければならないのが難点である。

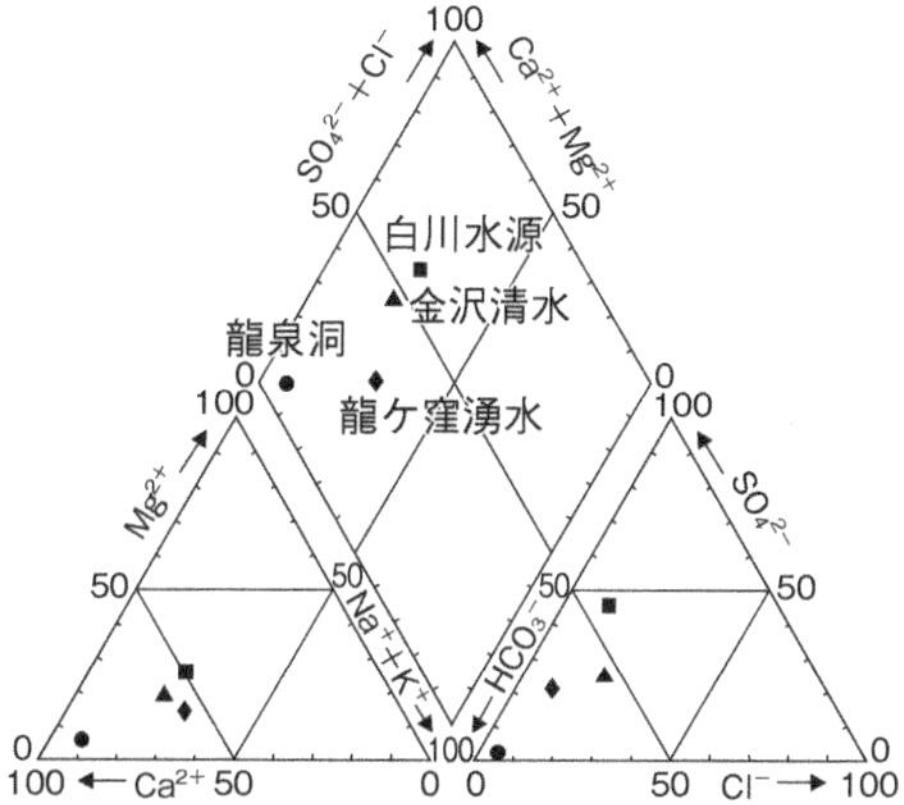


図2-8　トリリニアダイアグラムによる４名水の比較
（日本地下水学会による）

そこで、サンプルごとにダイアグラムを作る必要がなく、サンプルどうしの比較が簡単にできるようなダイアグラムが考案された。ひし形の図形と、二つの三角形から成る「トリリニアダイアグラム」と呼ばれるものだ（図２－８）。

まず各成分について、それぞれ陰イオン中、または陽イオン中に占める比率（百分率）を計算する。三角形のうち左が陽イオン、右が陰イオンの三角形で、三つの値からそれぞれの場所が決まる。たとえば龍泉洞の水の陽イオンはカルシウムがほとんどで、マグネシウムとナトリウム＋カリウムはほぼ同じ比率なので三角形の左下にプロットされる。右の三角形の場合も同様に、陰イオンの構成比によって三角形の中の場所を決めることができる。上にあるひし形の中のプロットは、陰イオン、陽イオンそれぞれの場所を平行移動して交点を見つけたもので、この場所を見ることによって、水質のタイプが似ているかどうかや、成分の相対的な違いをやはり、直観的に判断することができる。

図が大きくなってしまうためにひし形の部分だけを取り出して表示することがあり、これは「キーダイアグラム」と呼ばれる（図2-9）。キーダイアグラムは、上下左右四つの領域に水質を分類することができる。ナトリウムやカリウムなど一価の陽イオンをアルカリ金属、マグネシウムやカルシウムなど二価の陽イオンをアルカリ土類金属と呼ぶのに準じて、陽イオンを二種類に分類し、陰イオンについては炭酸塩かそうでないかで二種類に分類して、それぞれの組み合わせによってアルカリ土類非炭酸塩、アルカリ土類炭酸塩、アルカリ炭酸塩、アルカリ非炭酸塩の四つに水質を分類する。

Ⅰ　アルカリ土類非炭酸塩（熱水, 化石水）
Ⅱ　アルカリ土類炭酸塩（地下水）
Ⅲ　アルカリ炭酸塩（停滞地下水）
Ⅳ　アルカリ非炭酸塩（海水）

図2-9　キーダイアグラム（日本地下水学会による）

この分類は、次の第3章でくわしく述べる水の起源と関連づけることもできる。一番上のひし形のアルカリ土類非炭酸塩は火山の熱水や化石水起源、左のアルカリ土類炭酸塩は地下水、一番下のアルカリ炭酸塩は長時間停滞している地下水、右のアルカリ非炭酸塩は海水起源の水であるとされている。四つの水の中で唯一、一番上のひし形の中にプロットされている白川水源の地下水は、火山活動の影響を受けていることを示す硫酸イオンが多く、左のひし形の龍泉洞の地下水は、カルシウム・炭酸塩タイプの石灰岩地域に特有の地下水であることが、慣れてくると一目でわかるようになる。

トリリニアダイアグラムは、このように多くのサンプルの水質の相対的な違いを一つの図で見てとることができるのが利点だが、逆にサンプル数が多くなると、プロットされた点が互いに重なり合って判別が難しくなってしまうという問題がある。このため、トリリニアダイアグラムとヘキサダイアグラムを併用して、地下水などの水質を表現することも少なくない。

## 「名水十傑」と「新・名水百選」

地下水研究でよく知られる島野安雄・文星芸術大学教授は、日本各地の湧水や名水の現地調査を広く行っている。なかでも、「名水百選」すべてを踏査して、その水質を調査し、さまざまな角度から分析を加えた研究は非常に興味深い。作成されたダイアグラムからは、日本の名水は各

神秘的な龍泉洞地底湖

地の条件を反映した、実にバラエティに富んだものであることがわかる（巻末特別付録「名水百選ガイド」参照）。

それでは、これらの名水は飲んでみたときに本当に「おいしい水」だと言えるのだろうか。島野さんは「百選すべてを回った経緯からみると、味にうまい・まずいや、硬い・渋い・生温かいなど何らかの賞味感はあろうが、約八割の名水は一応そのまま飲めそうである。しかし、中には水そのものや周辺の環境等により、どうも飲用に適さないものもある。直に飲めることのできる湧水や井戸水・自噴井等の地下水の中にも、宮水のように用途が異なるものや、汚染等の恐れにより飲用には適さない水もある」と記している。

島野さんはこれらの名水の中から、ある程度の水量があり、そのまま「直に」飲むことができ、なおかつ「おいしい水」であるもの、一〇件を選び「名水十傑」と名づけた。

羊蹄山のふきだし湧水（北海道）、龍泉洞地底湖の水（岩手県）、金沢清水（同）、尚仁沢湧水（栃木県）、箱島湧水（群馬県）、黒部川扇状地湧水群（富山県）、瓜裂の清水（同）、塩釜の冷泉（岡山県）、池山水源（熊本県）、竹田湧水群（大分県）の一〇ヵ所がそれである。

「名水十傑」の水質の平均値を「名水百選」の平均値と比較してみると、「十傑」は適度なpHやミネラル分を含んでいて、水温は平均一一・七度とかなり冷たい水が多かった。

「名水百選」の選定から二二年が過ぎた二〇〇七年、環境が主要テーマになる二〇〇八年の北海道洞爺湖サミットを機に、環境省は新たな名水百選を選定する方針を打ち出した。湧水、地下水を選定対象の基本としたが、河川についても範囲を限定したうえで選定の対象とし、選定基準も前回に準じて行われ、推薦があった一六二の中から、新たに一〇〇ヵ所の「新・名水百選」が選ばれた（章末に掲げた表参照）。

今回は全都道府県から最低一つという規定がなかったために、選ばれた名水が一つもない府県がある。全体の六四ヵ所が湧水、地下水が六ヵ所で、河川水や用水は二九ヵ所、湧水・地下水・河川水の複合型が一ヵ所だった。表からは日本海側の各県や滋賀、熊本、鹿児島などに豊かな湧水があることがわかる。

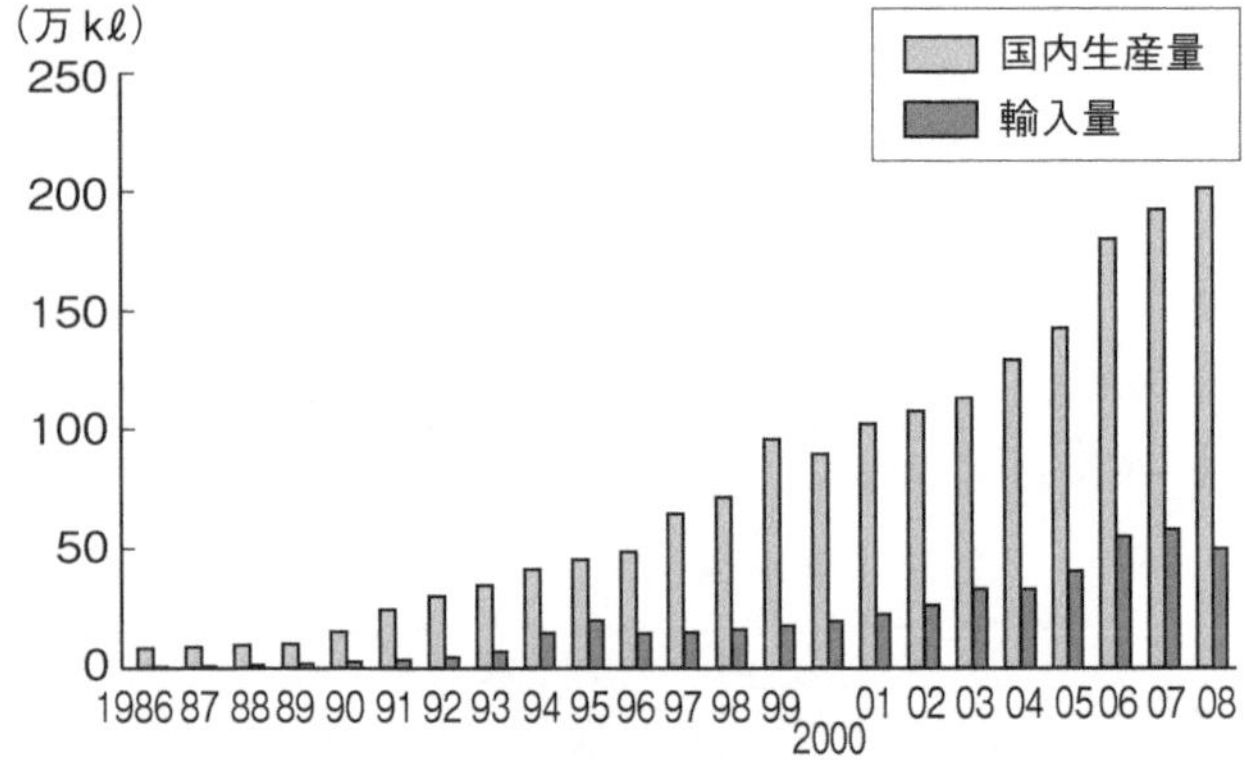


図2-10　ミネラルウォーターの国内生産量と輸入量（日本ミネラルウォーター協会などによる）

## ミネラルウォーターと地下水

ところで、多くの人々にとって近年、非常に身近になっている「おいしい地下水」といえば、なんといってもミネラルウォーターであろう。内閣府が二〇〇八年に発表した「水に関する世論調査」によると、日常的に、水道の水を飲まずに「ミネラルウォーターなどを購入」して飲んでいると答えた人が全体の二九・六％と、ほぼ三割に達した。日本人がペットボトルに入ったミネラルウォーターを口にする機会は、最近とみに多くなってきている。

日本で家庭用のミネラルウォーターが販売されたのは一九八三年のことで、ハウス食品がカレー用のチェイサーとして「六甲のおいしい水」を発売したのが最初だとされている。その後、さまざまなメーカーからさまざまなネーミングのミネラルウォーターが販売さ

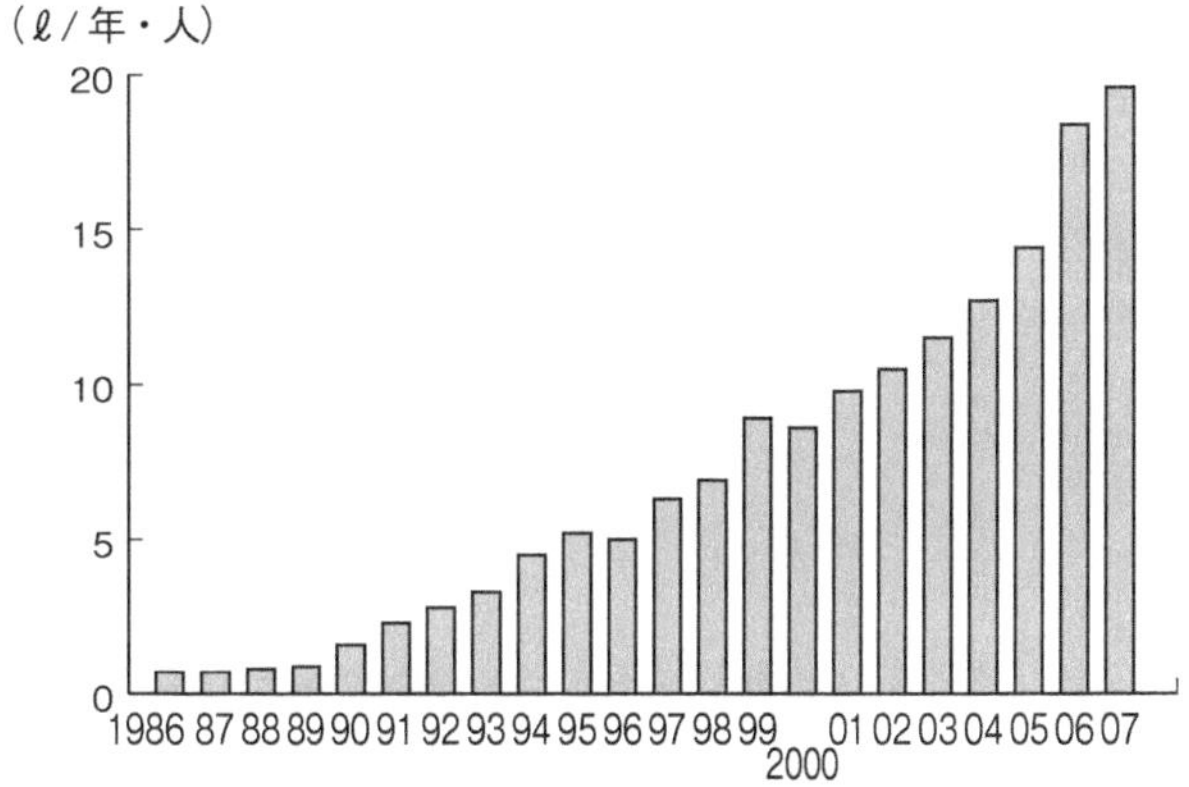


図2-11　ミネラルウォーターの1人あたり消費量（日本ミネラルウォーター協会などによる）

れ、いまでは国産では約四〇〇社、四五〇ほどの銘柄になったと推定されている。図２－10は、日本のミネラルウォーターの国内生産量と海外からの輸入量の推移を示したグラフである。一九八〇年代から増えはじめた国内の生産量が、一九九〇年代後半から今世紀に入って急増していることがわかる。一人当たりのミネラルウォーター消費量も、一九八六年には年間わずか〇・七リットルだったものが、一九九六年には五リットルにまで増加し、その後も年々増えつづけて、二〇〇七年には二〇リットル近くにまで達したと推定されている（図２－11）。

　多くの人がミネラルウォーターを飲むようになってきた背景には、河川水などの水道水源の水質が悪化して、水道水の味の悪さが問題になったり、塩素を使って消毒する際に発生する有害物質の問題がメディアで頻繁に取り上げられたりしたため、安全でおいしい飲

| 分類 | 品名 | 原水 | 処理方法 |
| --- | --- | --- | --- |
| ナチュラルウォーター | ナチュラルウォーター | 特定水源より採水された地下水 | ろ過、沈でんおよび加熱殺菌に限る |
| | ナチュラルミネラルウォーター | 特定水源より採水された地下水のうち、地下で滞留または移動中に無機塩類が溶解したもの 鉱水、鉱泉水　など | |
| ミネラルウォーター | ミネラルウォーター | ナチュラルミネラルウォーターの原水と同じ | ろ過、沈でんおよび加熱殺菌以外に次に掲げる処理を行ったもの<br>・複数の原水の混合<br>・ミネラル分の調整<br>・ばっ気<br>・オゾン殺菌<br>・紫外線殺菌　など |
| ボトルドウォーター | ボトルドウォーターまたは飲用水 | 飲用適の水 純水、蒸留水、河川の表流水、水道水　など | 処理方法の限定なし |

表2-12　ミネラルウォーターのガイドライン

み水への関心が高まったことがあるようだ。ペットボトル入りのミネラルウォーターが普及し、自動販売機や売店などで簡単に手に入るようになったおかげで、外出先や旅先、電車の中や会議中など、さまざまな場で、簡単においしい水が飲めるようになった。

アメリカなどには水道水の水を単にボトルに詰めただけの「ボトルドウォーター」が結構、出回っているのだが、日本の場合は、ペットボトルなどに入れられて売れている水の大部分が、地下水を水源とするものである。日本国内で売られているミネラルウォーターの表示については、一九九〇年に農林水産省のガイドラインなるものが定められている（表2-12）。

一般的にはペットボトルに入った水のことを「ミネラルウォーター」と呼ぶことが多いが、地下水を水源とするミネラルウォーターにも、その成分や処理方法などによって三つの類型がある。

ガイドラインによると「ナチュラルウォーター」とは、特定の水源から採水された地下水を原水とするもので、沈殿、濾過、加熱殺菌以外の処理は行わないものを指す。「ナチュラルミネラルウォーター」は、「ナチュラルウォーター」のうち、地下に滞留中に地層中の無機塩類が溶解した地下水を原水としたものをいう。「天然の二酸化炭素が溶解し、発泡性を有する地下水を含む」という注釈がついている。

この二つは、複数の水源からの水のブレンドなどを行わない、一ヵ所の決まった水源からの水を使ったものということになる。ラベルなどに「天然」「自然」といった用語の使用が認められるのは、この二種類だけだ。

農水省のガイドラインは、「ナチュラルミネラルウォーターを原水とし、品質を安定させる目的などのためにミネラルの調整、ばっ気、複数の水源から採水したナチュラルミネラルウォーターの混合等が行われているもの」については、「ミネラルウォーター」と記載すること、としている。ブレンドや加工がなされている可能性はあるものの、これも地下水であることにまちがいはない。

これらのことからもわかるように、処理や消毒の方法、採水地などに違いはあるものの、「ミネラルウォーター」や「ナチュラルウォーター」として売られている水のすべては、地下水を水源とするものなのである。売られている水の中で、地下水を水源としないものはごく一部であることがわかる。

さらにガイドラインは、これら三種類以外のものは、「飲用水」または「ボトルドウォーター」と記載すること、と定めている。実際には飲用に適したものでありさえすれば、河川の水でも、水道の水でも、蒸留水などでも構わない。処理方法なども定められておらず、塩素消毒などをしたものでも問題はない。

日本で売られている水には、このカテゴリーに入るものは少ないのだが、アメリカでは水道の水をペットボトルに詰めただけのものが、広く「ボトルドウォーター」として販売され、なかには「ピュア」などを売り物にしている製品もある。これらの水も一部は日本に輸入されているはずなので、購入するときはラベルに注意する必要があるだろう。

決まった水源から採水し、ほとんど人の手を加えずにボトルに詰めただけの「ナチュラルミネラルウォーター」をいろいろと飲み比べてみると、各地の地下水の「利き水」が楽しめることになる。最近では、世界各地のミネラルウォーターを取りそろえた「ウォーターバー」なるものまでお目見えした。

あるインターネットのサイトの「好きな市販のミネラルウォーターランキング」では、日本で最初に商品化された「六甲のおいしい水」が第一位にランクされた。フランスの「ボルヴィック」、「エビアン」がこれに次ぎ、以下は「サントリー天然水」(サントリー)、「アルカリイオンの水」（キリン）、「森の水だより」（日本コカ・コーラ）、「ペリエ」（フランス）の順で、日本大手メーカーの製品が上位に顔をそろえた。

ただ、水の味の好みは、ほんとうに人それぞれだと言われている。大量に出回ることはなくても、地域の地下水を利用した「地酒」ならぬ「地水」の中にも、自分に合ったおいしいものがあるはずである。

## 銘酒と名水

「六甲のおいしい水」で知られるように、兵庫県の六甲山の湧き水などは、豊かな地下水に恵まれている場所である。全国に知られる「灘の酒」は、六甲山系の地下水なしにはあり得なかった。山田錦などの酒米が育つ水田や、吟醸酒をつくるための精米用の水車なども、豊かな地下水や川の流れと深く関連している。

酒造りのための名水としてとくに有名なのは京都市伏見区の「伏見の御香水《ごこうすい》」という湧き水と、兵庫県西宮市の「宮水《みやみず》」である。いずれも昭和の「名水百選」に選ばれている。「伏見の御香水」は古くから「霊水」として知られ、酒造に利用されてきた。ほかにも飲み水や茶道、書道などに使うために多くの人が水をくみに訪れることで知られている。これは桃山丘陵からの豊富な地下水が湧き出たものだ。

西宮市から神戸市東部にかけての地域は古くから「灘」と呼ばれ、酒の名産地として有名だが、「宮水」はこの中心部に位置する、六甲山系からの地下水が砂礫層の中を流れて湧き出したものだ。環境省によると、従来、清酒は夏を越すと「火落ち」といって味が悪くなるのが一般的であったのに、灘地方で生産されたものは「秋晴れ」といって、味が一段と芳醇《ほうじゅん》になるという。天保十一年（一八四〇年）に現在の神戸市で酒造業を営む山邑氏が、気候、風土に変わりがない同じ灘地方において、西宮の酒だけが秋晴れすることに着目して西宮の水（「宮水」）をくんで帰り、試みにこれで仕込んだところ美酒を造ることができた。それ以来、これを聞き伝えた各地の酒造家が競ってこの水を使うようになったと言われている。その後の研究で、「宮水」は硬度が高くてリンの含有量が多く、また鉄分を含まないことから酒造用に最適の水質だということがわかったという。

市民の視点から地下水の保全と持続的な利用のありかたを追究した「水みち研究会」による『井戸と水みち』という本には、全国の銘酒と名水の関係がくわしく述べられている。西宮の「宮水」については「宮水の特徴はリン酸とカリウムが多いことと鉄分が少ないことである。リン酸は麴菌や酵母の繁殖を助長し、カリウムは酵母の養分となる。宮水は清酒酵母の生育、増殖を確実にし、しかも着実に醪《もろみ》の発酵を行わせることから『強い水』といわれ、しっかりした味とこくのある辛口の男性的な酒が醸される」としている。これとは対照的に「伏見の御香水」の水は軟水で、甘口の酒ができるという。「御香水」は硬度が四〇程度の軟水だが、「宮水」は一五〇程度とかなり高い。硬度の高い水で酒を造ると発酵が早く進み、辛口のキレのよい酒に、硬度の低い水で造ると、発酵がゆっくりと進むために、甘口でソフトな酒になるという。

この二ヵ所のほかにも、「名水百選」に選ばれた湧水を利用して、銘酒を生産している場所は多い。地域によって微妙に異なる地下水の成分によって、その土地独特の味の酒が造られているのだろう。これが「名水あるところに銘酒あり」と言われるゆえんである。

現在、アルコール飲料の中で最も消費量が多いビールは、日本酒以上に水分が多いだけに、水の味がビールの味を左右する。世界で最も多く飲まれているのはチェコのプルゼニ（ピルゼン）で開発された醸造法にもとづいて造られる「ピルスナー」というタイプのビールだが、このプルゼニも、豊かな地下水に恵まれていることで知られる。欧州の地下水は、ミネラル分が多くて硬度が高い「硬水」が多いのだが、この地方の水は比較的ミネラル分の少ない「軟水」で、これが良質のビールを生むきっかけの一つになったとされている。日本で醸造されるビールも大部分がピルスナータイプで、国内各地に存在する良質の地下水を使っているものが非常に多い。

一般的に軟水から造られたビールは色が淡く、味もさっぱりしたものとなり、硬水で造られたビールは色が濃く、苦味の多いものになるという。日本のビールに淡色のものが多く、ドイツなど欧州産のビールに色が濃いものが多いのは、醸造に用いられる地下水の性質を反映しているからである。

## お茶の水

中国から伝えられたお茶を飲む習慣が、日本で広まり始めたのは一二世紀以降だが、良質のお茶を淹《い》れるのにも地下水が重用された。お茶の味は、当然ながら使われる水の味によって大きく左右される。茶の湯の中に鉄分が多いと、茶に含まれるタンニンと鉄が結びついて色が黒っぽくなってしまうし、カルシウムやマグネシウムなどが多い硬水だと、茶葉からのタンニンの溶出が悪くなる。このため茶の湯には、日本の地下水のような軟水が好まれる。お茶の中の高級ブランドといえば「宇治茶」である。宋から茶の種を持ち帰った僧が、宇治の地で茶の栽培を始めたのが起源だとされているが、宇治は地下水が豊かな場所でもあり、茶の湯に適した地下水が湧き出す「宇治七名水」というものがあったことも知られている。この七名水のうち六ヵ所は水が枯渇するなどして失われてしまったが、唯一、宇治上神社内にある「桐原水」という湧水だけは現存しており、いまもこんこんと湧き出している。茶の湯を求めてこの名水をくみにくる人も少なくないという。

地下水が豊かな京都には、ほかにも茶の湯にゆかりのある湧水が多く存在している。北野天満宮には、豊臣秀吉が一五八七年に「北野大茶湯」という大茶会を催した地とされる北野大茶湯之址に並んで、当時、その点前《てまえ》に供した水をくんだと伝えられる「太閤井戸」が残っている。また裏千家の今日庵には、秀吉に仕えた千利休の時代から伝わる「梅の井」という井戸がある。

　東京で茶の湯にまつわる名水といえば、駅の名前にもなっている「お茶の水」である。これは付近の崖からの湧水を将軍のお茶の用水に供したことにちなんでいる。全国各地にも、古くから茶の湯のために利用されてきた「お茶の水」という名の湧水や地名が残っている。

　ある研究者は「日本で緑茶が発達したのは、良い水がふんだんに得られたことと関係が深いだろう。ウーロン茶のように味や香りが強いものは、水の味もごまかしがきくが、緑茶ではそうはいかないからである」と言っている（『事典　日本人と水』）。

## 新・名水百選

| 所在地 | | 名水名 | | 種別 |
|---|---|---|---|---|
| 都道府県 | 市町村名 | | | |
| 北海道 | 上川郡東川町 | 大雪旭岳源水 | だいせつあさひだけげんすい | 湧水 |
| 北海道 | 中川郡美深町 | 仁宇布の冷水と十六滝 | にうぷのれいすいとじゅうろくたき | 湧水 |
| 青森県 | 十和田市 | 沼袋の水 | ぬまぶくろのみず | 湧水 |
| 青森県 | 西津軽郡深浦町 | 沸壺池の清水 | わきつぼいけのしみず | 湧水 |
| 青森県 | 北津軽郡中泊町 | 湧つぼ | わきつぼ | 湧水 |
| 岩手県 | 盛岡市 | 大慈清水・青龍水 | だいじしみず・せいりゅうすい | 地下水 |
| 岩手県 | 盛岡市 | 中津川綱取ダム下流 | なかつがわつなとりだむかりゅう | 河川 |
| 岩手県 | 一関市 | 須川岳秘水ぶなの恵み | すかわだけひすいぶなのめぐみ | 湧水 |
| 秋田県 | にかほ市 | 獅子ケ鼻湿原“出壷” | ししがはなしつげん“でつぼ” | 湧水 |
| 秋田県 | にかほ市 | 元滝伏流水 | もとたきふくりゅうすい | 湧水 |
| 山形県 | 東田川郡庄内町 | 立谷沢川 | たちやざわがわ | 河川 |
| 福島県 | 福島市 | 荒川 | あらかわ | 河川 |
| 福島県 | 喜多方市 | 栂峰渓流水 | つがみねけいりゅうすい | 河川 |
| 福島県 | 相馬郡新地町 | 右近清水 | うこんしみず | 湧水 |
| 茨城県 | 日立市 | 泉が森湧水及びイトヨの里泉が森公園 | いずみがもりゆうすいおよびいとよのさといずみがもりこうえん | 湧水 |
| 群馬県 | 多野郡上野村 | 神流川源流 | かんながわげんりゅう | 河川 |
| 群馬県 | 利根郡片品村 | 尾瀬の郷片品湧水群 | おぜのさとかたしなゆうすいぐん | 湧水 |
| 埼玉県 | 熊谷市 | 元荒川ムサシトミヨ生息地 | もとあらかわむさしとみよせいそくち | 河川 |
| 埼玉県 | 秩父市 | 武甲山伏流水 | ぶこうざんふくりゅうすい | 地下水 |
| 埼玉県 | 新座市 | 妙音沢 | みょうおんざわ | 河川 |
| 埼玉県 | 秩父郡小鹿野町 | 毘沙門水 | びしゃもんすい | 湧水 |
| 千葉県 | 君津市 | 生きた水・久留里 | いきたみず・くるり | 地下水 |
| 東京都 | 東久留米市 | 落合川と南沢湧水群 | おちあいがわとみなみさわゆうすいぐん | 湧水 |
| 神奈川県 | 南足柄市 | 清左衛門地獄池 | せいざえもんじごくいけ | 湧水 |
| 新潟県 | 村上市 | 吉祥清水 | きちじょうしみず | 湧水 |
| 新潟県 | 妙高市 | 宇棚の清水 | うだなのしみず | 湧水 |
| 新潟県 | 上越市 | 大出口泉水 | おおでぐちせんすい | 湧水 |
| 新潟県 | 岩船郡関川村・村上市・胎内市 | 荒川 | あらかわ | 河川 |
| 富山県 | 富山市 | いたち川の水辺と清水 | いたちがわのみずべとしみず | 湧水，河川，地下水 |
| 富山県 | 高岡市 | 弓の清水 | ゆみのしょうず | 湧水 |
| 富山県 | 滑川市 | 行田の沢清水 | ぎょうでんのさわしみず | 湧水 |
| 富山県 | 南砺市 | 不動滝の霊水 | ふどうだきのれいすい | 湧水 |
| 石川県 | 七尾市 | 藤瀬の水 | ふじのせのみず | 湧水 |
| 石川県 | 小松市 | 桜生水 | さくらしょうず | 湧水 |

| 所在地 | | 名水名 | | 種別 |
|---|---|---|---|---|
| 都道府県 | 市町村名 | | | |
| 石川県 | 白山市 | 白山美川伏流水群 | はくさんみかわふくりゅうすいぐん | 湧水 |
| 石川県 | 能美市 | 遣水観音霊水 | やりみずかんのんれいすい | 湧水 |
| 福井県 | 小浜市 | 雲城水 | うんじょうすい | 地下水 |
| 福井県 | 大野市 | 本願清水 | ほんがんしょうず | 湧水 |
| 福井県 | 三方上中郡若狭町 | 熊川宿前川 | くまがわじゅくまえがわ | 用水 |
| 山梨県 | 甲府市 | 御岳昇仙峡 | みたけしょうせんきょう | 河川 |
| 山梨県 | 都留市 | 十日市場・夏狩湧水群 | とおかいちば・なつがりゆうすいぐん | 湧水 |
| 山梨県 | 山梨市 | 西沢渓谷 | にしざわけいこく | 河川 |
| 山梨県 | 北杜市 | 金峰山・瑞牆山源流 | きんぷさん・みずがきやまげんりゅう | 河川 |
| 長野県 | 松本市 | まつもと城下町湧水群 | まつもとじょうかまちゆうすいぐん | 湧水 |
| 長野県 | 飯田市 | 観音霊水 | かんのんれいすい | 湧水 |
| 長野県 | 木曽郡木祖村 | 木曽川源流の里　水木沢 | きそがわげんりゅうのさとみずきざわ | 湧水，河川 |
| 長野県 | 下高井郡木島平村 | 龍興寺清水 | りゅうこうじしみず | 湧水 |
| 岐阜県 | 岐阜市 | 達目洞（逆川上流） | だちぼくぼら(さかしまがわじょうりゅう) | 河川 |
| 岐阜県 | 大垣市 | 加賀野八幡神社井戸 | かがのはちまんじんじゃいど | 地下水 |
| 岐阜県 | 郡上市 | 和良川 | わらがわ | 河川 |
| 岐阜県 | 下呂市 | 馬瀬川上流 | まぜがわじょうりゅう | 河川 |
| 静岡県 | 静岡市 | 安倍川 | あべかわ | 河川 |
| 静岡県 | 浜松市 | 阿多古川 | あたごがわ | 河川 |
| 静岡県 | 三島市 | 源兵衛川 | げんべえがわ | 用水 |
| 静岡県 | 富士宮市 | 湧玉池・神田川 | わくたまいけ・かんだがわ | 河川 |
| 愛知県 | 岡崎市 | 鳥川ホタルの里湧水群 | とっかわほたるのさとゆうすいぐん | 湧水 |
| 愛知県 | 犬山市 | 八曽滝 | はっそたき | 河川 |
| 三重県 | 名張市 | 赤目四十八滝 | あかめしじゅうはちたき | 河川 |
| 滋賀県 | 長浜市 | 堂来清水 | どうらいしょうず | 湧水 |
| 滋賀県 | 高島市 | 針江の生水 | はりえのしょうず | 湧水 |
| 滋賀県 | 米原市 | 居醒の清水 | いさめのしみず | 湧水 |
| 滋賀県 | 愛知郡愛荘町 | 山比古湧水 | やまびこゆうすい | 湧水 |
| 京都府 | 舞鶴市 | 大杉の清水 | おおすぎのしみず | 湧水 |
| 京都府 | 舞鶴市 | 真名井の清水 | まないのしみず | 湧水 |
| 京都府 | 綴喜郡井手町 | 玉川 | たまがわ | 河川 |
| 兵庫県 | 多可郡多可町 | 松か井の水 | まつかいのみず | 湧水 |
| 兵庫県 | 美方郡香美町 | かつらの千年水 | かつらのせんねんすい | 湧水 |
| 奈良県 | 宇陀郡曽爾村 | 曽爾高原湧水群 | そにこうげんわきみずぐん | 湧水 |

| 所在地 | | 名水名 | | 種別 |
|---|---|---|---|---|
| 都道府県 | 市町村名 | | | |
| 奈良県 | 吉野郡東吉野村 | 七滝八壺 | ななたきやつぼ | 河川 |
| 和歌山県 | 新宮市 | 熊野川（川の古道） | くまのがわ（かわのこどう） | 河川 |
| 和歌山県 | 東牟婁郡那智勝浦町 | 那智の滝 | なちのたき | 河川 |
| 和歌山県 | 東牟婁郡古座川町・串本町 | 古座川 | こざがわ | 河川 |
| 鳥取県 | 鳥取市 | 布勢の清水 | ふせのしみず | 湧水 |
| 鳥取県 | 東伯郡湯梨浜町 | 宇野地蔵ダキ | うのじぞうだき | 湧水 |
| 鳥取県 | 西伯郡伯耆町 | 地蔵滝の泉 | じぞうだきのいずみ | 湧水 |
| 島根県 | 出雲市 | 浜山湧水群 | はまやまゆうすいぐん | 湧水 |
| 島根県 | 安来市 | 鷹入の滝 | たかいりのたき | 河川 |
| 島根県 | 鹿足郡吉賀町 | 一本杉の湧水 | いっぽんすぎのゆうすい | 湧水 |
| 岡山県 | 新見市 | 夏日の極上水 | なつひのごくじょうすい | 湧水 |
| 広島県 | 呉市 | 桂の滝 | かつらのたき | 河川 |
| 広島県 | 山県郡北広島町 | 八王子よみがえりの水 | はちおうじよみがえりのみず | 地下水 |
| 山口県 | 萩市 | 三明戸湧水，阿字雄の滝 | みあけどゆうすい，あじおのたき | 湧水 |
| 山口県 | 周南市 | 潮音洞，清流通り | ちょうおんどう，せいりゅうどおり | 用水 |
| 徳島県 | 海部郡海陽町 | 海部川 | かいふがわ | 河川 |
| 香川県 | 高松市 | 楠井の泉 | くすいのいずみ | 湧水 |
| 愛媛県 | 新居浜市 | つづら淵 | つづらぶち | 湧水 |
| 高知県 | 高知市 | 鏡川 | かがみがわ | 河川 |
| 高知県 | 四万十市 | 黒尊川 | くろそんがわ | 河川 |
| 福岡県 | 朝倉郡東峰村 | 岩屋湧水 | いわやゆうすい | 湧水 |
| 熊本県 | 熊本市 | 水前寺江津湖湧水群 | すいぜんじえづこゆうすいぐん | 湧水 |
| 熊本県 | 熊本市・玉名市 | 金峰山湧水群 | きんぽうざんゆうすいぐん | 湧水 |
| 熊本県 | 阿蘇郡南阿蘇村 | 南阿蘇村湧水群 | みなみあそむらゆうすいぐん | 湧水 |
| 熊本県 | 上益城郡嘉島町 | 六嘉湧水群・浮島 | ろっかゆうすいぐん・うきしま | 湧水 |
| 大分県 | 玖珠郡玖珠町 | 下園妙見様湧水 | しものそのみょうけんさまゆうすい | 湧水 |
| 宮崎県 | 西臼杵郡五ヶ瀬町 | 妙見神水 | みょうけんしんすい | 湧水 |
| 鹿児島県 | 鹿児島市 | 甲突池 | こうつきいけ | 湧水 |
| 鹿児島県 | 指宿市 | 唐船峡京田湧水 | とうせんきょうきょうでんゆうすい | 湧水 |
| 鹿児島県 | 志布志市 | 普現堂湧水源 | ふげんどうゆうすいげん | 湧水 |
| 鹿児島県 | 大島郡知名町 | ジッキョヌホー | （語意）：瀬利覚の川 | 湧水 |
| 沖縄県 | 中頭郡北中城村 | 荻道大城湧水群 | おぎどうおおぐすくゆうすいぐん | 湧水 |

コラム

# 水の硬度と料理

地下水中に含まれるミネラル分が多いか少ないかの指標が「硬度」と呼ばれるものであることは、本章で紹介した。硬度は地下水の水質や味を考える点で重要なのだが、水の硬軟は、それを使った料理にも大きく影響するという。

ある報告によると、軟水には、コンブの表面にあるグルタミン酸などのいわゆる「うま味成分」が溶け出しやすい。このため、みそ汁やお吸い物といった、コンブなどで和風のだしをとる料理には軟水が適しているらしい。硬水にはミネラル分が豊富に含まれているため、料理に使うとミネラル分の影響でたんぱく質が固まり、軟水のようにうまみ成分がうまく溶け出さないことになる。日本に煮物などの水を直接多用した料理が多いのは、日本の水の多くが軟水であることと深く関連しているといえそうだ。また、軟水と硬水とでは米を炊いたときの味にも違いがあり、一般的に軟水で炊くほうがふっくらとした炊きあがりになるという。

これに対して、ビーフシチューなど肉の煮込み料理には、硬水が適しているとされている。硬水で長時間かけて肉を煮込むと、肉の臭みのもとである「あく」が出やすく、臭みのない料理に仕上がるのだそうだ。欧風の料理に広く使われるスープストックなどを作る際にも、比較的硬度の高い水を推奨する専門家が多い。

このように各国の食文化には、その地域で得られる地下水の性質も影響しているといえる。硬度の高いヨーロッパのミネラルウォーターで米を炊き、みそ汁を作ってみたらどんな味になるのだろう。

第3章

# こんな場所にも地下水が

## 「広義の地下水」「狭義の地下水」

ひとくちに「地下水」といっても、地下水はいろいろな形をとっているし、存在する場所もさまざまだ。なかには、思わぬ場所に存在する地下水もある。ここではいろいろな種類の地下水の姿を見てゆくことにする。

土を掘って地下にある土を触ってみよう。砂漠の砂でもないかぎり、土は水分を含んで、しっとりとしていることがほとんどだ。かなり乾燥した土でも、ガラスびんの中などに入れてふたをしておくと、びんの内側に水滴が付いている。これは土の中に水分が含まれていることを示している。より正確には、土の粒子の間に水分を含んでいるためで、これらの水は「土壌水」と呼ばれる。いわば「広義の地下水」のひとつの姿といえる。

ただ、この土壌水は、われわれが「地下水」と聞いたときに思い浮かべる井戸水や湧き水、温泉などとはずいぶん違うように感じられるだろう。

砂遊びや植木の水やりの経験からもわかるように、土壌が含むことのできる水の量には限界がある。この限界に達する前の状態を「不飽和状態」にあるといい、限界まで水が存在する状態を「飽和状態」という。

地下に浸透した水の量が飽和状態に達すると、土と土のすき間の中に、水だけが存在するようになる。これらの水は、砂や砂利のような水を透しやすい地層の中や、地中の岩の間にある割れ目や亀裂などで構成される地層に蓄えられている。土壌にへばりつくようにして存在する土壌水に対し、「地層水」「間隙水」と呼ばれるこれらの水が、狭い意味での「地下水」で、人間にとって最も理解しやすく、利用もしやすい地下水である。

## 帯水層

地中で地下水によって満たされている部分を「飽和帯」という。それ以外の部分は空気で満たされているので「不飽和帯」あるいは「通気帯」と呼ばれる。わかりやすくいえば、地下で水がたまっている場所である「飽和帯」と、水がたまっていない「通気帯」の境目を「地下水面」と呼ぶ。水がたまっている井戸の中を覗いたときに見える水面が「地下水面」で、言葉を換えて言えば、われわれは「飽和帯」の一番上の表面を見ていることになる。

地下水が多く存在する場所の地層を「帯水層」という。帯水層とは、地下水で満たされた砂層などのように透水性が比較的高い地層で、一般にはこれが地下水をくみ上げたりする際の対象となる地層のことである。

帯水層は地下水が流れる経路にもなることから、地下水汚染の広がりを調べるうえでも重要なものとなる。また、帯水層は地下の非常に広い範囲にわたって存在するので、その上面にあたる地下水面の形態や広がりを知ることも、地下水を科学するうえでは非常に大切だ。「地下水面の研究は、地下水研究の第一歩だ」ともいわれる。とはいえ、場合によってはかなりの深い地下にある帯水層の広がりや形を、地上から知ることはそう簡単ではないのは理解できるだろう。地下の帯水層の姿や地下水面の場所などを地上からくわしく知ることは、レントゲンやCTスキャンによって人間の体内の状況を調べるようなものなのだ。

地下の水の動きを目で見ることはなかなか難しいので、こんな実験が考えられている。一九五三年に出版された『ぼくたちの研究室　水と私たち』（さ・え・ら書房）という本の中で、市場泰男さんが紹介しているものだ。

まず、ガラスの金魚鉢の中に乾いた砂を入れて、上からじょうろで水をかけてみる。この水は地球上に降り注ぐ雨にあたる。地上に降った水は徐々に砂にしみ込んでいき、金魚鉢の底に溜まる。しかし、水が少ないと金魚鉢の上の方にある砂は、ほとんど濡れていない。これは金魚鉢の中の水、つまり地下水が砂の小さな粒子の間を通って地下に浸透したためだ。この砂の層が「帯水層」にあたり、水を透さない金魚鉢の底のガラスが、粘土やシルトと呼ばれる粒子の細かい泥、岩石などの「難透水層」にあたる。砂漠のように表面はカラカラでも地下には水があり、場合によってはオアシスができるというのもこうしてみると理解できるだろう（図3－1）。

この金魚鉢を横から見ると、黒く湿った水のある層と、乾いた砂の層との境目が見えるはずだ。河川や海の表面を「水面」と呼ぶのと同じように、地下水が存在する部分の一番上の面を「地下水面」という。

もちろん通気帯の中にも水分、つまり広義の地下水は存在する。土壌水と狭義の地下水はそれぞれ孤立して存在するわけではない。いわゆる毛細管現象によって飽和帯から通気帯に水が上昇していることもわかってきた。しかし、地下水の動きや汚染の拡大など、地下水の科学的な研究においては、狭義の地下水と土壌水とを区別して考えることが適切ではないケースも多い。

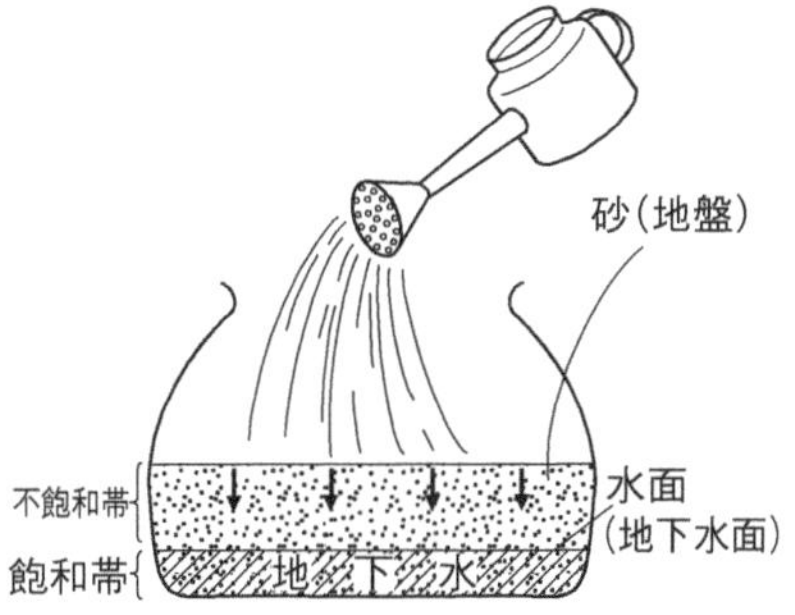

図3-1　金魚鉢の中の地下水

## 鍾乳洞の水

地下水には、その存在形態によって、「割れ目水」とか「亀裂水」、「裂《れっ》か水」と呼ばれるものと「空洞水」と呼ばれるものもある。割れ目水は、地下にある岩の割れ目などにたまった地下水のことを指す。だが、これは一般的に量が少なく、割れ目や亀裂に沿って移動することはあっても、流動性は低いものが多い。

空洞水とは、石灰岩が浸食されてできた鍾乳洞や、火山活動でマグマが地下を移動するときの通り道である溶岩トンネルなど、地下に形成された空間の中に存在する地下水のことである。鍾乳洞の中に入ったときに、大量の地下水が湖や池のように溜まっているのを目にすることがあるだろう。空洞水も流動性は低いのだが、地下の地形によっては、地上の川のように音を立てて流れている例もある。「地下川」とも呼ばれるこの地下水の流れは、高いところから低いところに流れる地上の川と同じ仕組みで流動している。人間が掘った坑道に地下水が溜まることもあり、これも空洞水の一種である。

## 化石になった水

これまでは主に、雨や雪が地下に浸透し、地下の地層の中を流れる地下水の話をしてきた。これは「循環地下水」と呼ばれることもある。だが、実は地球上には、これらとはちょっと違った成り立ちの地下水も存在する。

その一つが「化石水」と呼ばれるものだ。地上に降った雨が起源である点では、いままで見てきた循環地下水と同じだが、その起源が圧倒的に古いのである。

いまは地上に降った雨や雪が浸透することがないような場所でも、地下水が存在する場所がある。一番よく知られている例は、油田や天然ガス採掘の際に地下から一緒に出てくる水で、これは「鹹水《かんすい》」と呼ばれている。鹹水には海水に起源をもつものもあるが、油田やガス田から出てくる鹹水の起源は、地層が堆積したときに湖沼、河川の水が堆積物の粒子間に取り込まれたもの、つまり循環地下水と同じものである。

大きな違いは、その「年齢」である。このような水は、表層部の地下水のようについ最近降った雨などではなく、地質時代に帯水層に閉じ込められ、そのまま地下で動けなくなり長い間を過ごしてきた特殊な「地下水」なのである。これを「化石水」と呼ぶ。鹹水は化石水の一種で、非常に長い間、地下の限られた場所に存在し、周囲の堆積物との化学反応や微生物の活動の影響などを受けてきたので、表層の地下水とは大きく異なる化学的な組成を持っていることがほとんどだ。

日本にある数少ない天然ガス田の一つ、新潟県の中条地区のガス田から、ガスとともに産出する鹹水には、高濃度のヨウ素が含まれている。この鹹水の起源は海水で、ヨウ素の起源は、水と一緒にはるか昔に地下に閉じ込められた藻類だと考えられている。ヨウ素は人間が生きていくうえでなくてはならない微量栄養素の一つであり、医薬品やレントゲン写真の造影剤など、広く工業的に利用されている。このガス田で天然ガスを採掘している石油会社は、一緒に産出する鹹水から工業的にヨウ素を取り出し、商品として販売している。ほとんど一般には知られていないが、地下水はこんな形でも日本人の生活に貢献しているのである。

いまはほとんど雨が降らないサハラ砂漠や中近東でも、かつては非常に多くの雨が降っていた時代があった。これが化石水として地下深くに閉じ込められている場所があり、深い井戸を掘ることで飲料水などとして利用されている。ただ、鹹水はヨウ素濃度だけでなく塩分濃度が非常に高いケースもあるので、飲料水には適さない場合も少なくない。「砂漠の水」というと多くの人が想像する砂漠のオアシスは、この化石水ではなく、われわれが通常利用している井戸水と同じ循環地下水である。

## 最初の水

厳密にいえば「地下水」と呼べるかどうか議論があるが、これまで述べてきたものとはまったく起源の違う、「初生水」と呼ばれる地下水がある。地下にある高温のドロドロした物質、マグマが火山活動などによって地上近くに噴出したり、地中で固まったりするときに、マグマの成分中から分離されて出てくる水のことを指す。真っ赤に溶けたマグマの中にも、一〇〜三〇％の水分が存在しているという。循環水とはまったく違い、地中にもともとあったものが、初めて地上に出て来た水という意味で「処女水」と呼ばれることもある。

これらの水は、マグマの活動が活発な地球草創期に大量に放出され、地球上の水の起源となったのだが、いまではこうしてもたらされる水の量は、循環する水に比べてごくわずかである。あとで温泉について触れる際にくわしく紹介するが、温泉の起源がこの「初生水」であるのか、循環水であるのか、という論争が行われたこともあり、学問的には興味深い「水」の一つであるようだ。

## 砂漠の地下水、南極の地下水

これまで述べてきたように、地下水にとって重要なのは、地下の帯水層、具体的には砂や礫《れき》、砂利などの空隙や亀裂に富んだ地質によって構成された地層の存在である。地下水はこの帯水層の中を、場合によってはかなり長い距離にわたって流れている。

だが、砂漠のような雨のきわめて少ない地域の地下にも、地下水は存在する。地下の条件の違いによって地下水位が高くなって植物が利用できるようになったり、圧力によって湧き出たりしたものが、砂漠のオアシスである。水源は場所によってさまざまだが、遠くの山地に降った雪や雨が地下に浸透し、地下水になったものであることが多い。その場所で雨が降らないからといって、地下に水脈が存在しないというわけではないのだ。サハラ砂漠のオアシスは、遠くモロッコやチュニジアにかけて東西にそびえるアトラス山脈などに降った雨に起源を持つと考えられている。

地下水が存在する帯水層の深さは地下の状況によって変わるので、地下水の深さ、地下水位も場所によって変わる。地下水位が高い、つまり比較的浅い場所に地下水があると、植物が根を下ろして生育することもできるし、場合によっては泉や湧水のように自噴する場合もある。これがオアシスで、サハラ砂漠などに多く見られる。

オアシスは乾燥地域や半乾燥地域に暮らす人々にとって重要な地下水だが、最近は機械が進歩したことで水をくみ上げる量が増え、枯渇するオアシスも多くなってきている。その一方で、ピラミッドやスフィンクスで知られるエジプトの都市ギザ周辺では、古代遺跡群周辺で地下水位が年々上昇し、一部で地上に水があふれて遺跡が浸水するなどの被害が出ている。エジプトの巨大ダム、アスワンハイダムから地下に水が浸透したり、人口増加によって地下にしみ込む生活排水の量が増えたことなどが原因とされている。降水量の少ない砂漠やその周辺の人々にとっても、地下水への理解を深めることは非常に重要だといえる。

地球上に砂漠地帯と同様に、降水量が非常に少ない場所がある。それは南極である。厚い氷で覆われた南極は降水量が非常に少なく、降る雨も氷や雪として固まってしまうので液体の水は乏しく、砂漠のように乾燥した場所が多い。そのため「南極砂漠」「極地砂漠」などと呼ばれることもある。

ところが、南極にもエジプトの砂漠と同様に、湖ができている場所があり、これは「南極オアシス」と呼ばれている。

観測隊の一員として南極観測に参加した東京大学の研究グループは一九八二年、南極オアシスの地下に存在する地下水を確認したと報告している。グループは、バンダ湖という南極の湖の湖底を掘削し、深さ七二メートルと七五・五メートルの地点で地下水を採取した。南極に地下水が存在するとすれば、極低温でも凍結しないような塩分の多いものであろうと推測されていたのだが、結果は予測通り、非常に塩分濃度が高い地下水で、高濃度の塩化物イオンとカルシウムイオンが含まれていた。その後も日本の観測隊によって南極の地下に湧き出す地下水の調査などが行われている。

## 湧水

ふだんは地下にあって、われわれが目にすることができない地下水が、地上に顔を出すことがある。これが「湧水《ゆうすい》」と呼ばれるもので、湧き水、泉などと呼ばれることもある。湧水とは、地下水が、台地の崖下や丘陵の谷間などから自然に湧き出ているものを指す。崖の下から流れ出すものを崖線《がいせん》タイプ、台地や丘陵にできた谷間のような場所に湧き出すものを谷頭《こくとう》タイプということもある。また、石灰岩の地層が地下水に浸食されてできる鍾乳洞の中にも湧水が多く、流量が多いために、湧き水の名所となっている場所も少なくな

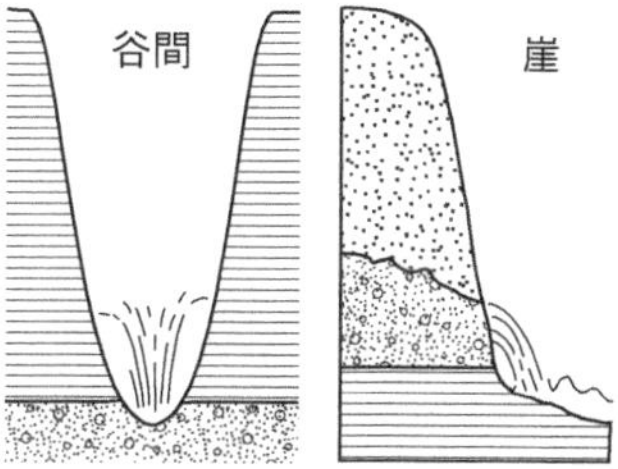

図3-2　崖線タイプ（右）と谷頭タイプ（左）

い（図3－2）。

湧水は井戸水と並んで古くから人間に親しまれ、利用されてきた。飲料水などの生活用水や農業用水などとして広く利用されてきたほか、地元の人々の憩いの場や信仰の場としても親しまれてきた。

環境省によると、国内の湧水はその存在が確認されているものだけで、一万二八二〇ヵ所にもなる。東京都内にも九三〇ヵ所以上、神奈川県や千葉県では一〇〇〇ヵ所以上が確認されていて、湧水は決して地方の山の中だけにあるものではないことがわかる。これらは多くが神社や公園の中にあり、子供たちや地域の人々にとって身近な「地下水」といえるだろう。

## 富士山の地下の水

日本で最も地下水が豊富な地域の一つは、富士山の周辺である。富士山は比較的新しい火山なので、山の表面に近い地層にはすき間（間隙）が多く、表面も割れ目や多孔質の溶岩が多い。このため、富士山に降った雨や雪は地下にしみ込んで地下水となりやすく、富士山麓には多くの湧水がみられる。「富士山は巨大なダム」「巨大な水タンク」などと呼ばれることもある。有名な柿田川の湧水群も、富士山に降った水が地下にしみ込んで地下水となり、「古富士火山」と呼ばれる古い山体を構成する溶岩面の難透水層の上を流れ下って、山麓で湧き出したものだ（図3－

3）。

日本大学の研究グループによると、富士山の底面積は九三〇平方キロメートル、平均の直径が三五キロメートルのほぼ円すい形とみなすことができるという。富士山に一年間に降る雨の量は斜面の向きによって違うが、一五〇〇ミリメートルから三〇〇〇ミリメートルにわたり、面積などから計算すると二二億五六〇〇万立方メートルに達する。雨は東南の斜面で最も多く、北側の斜面で最も少ない。この水を一一年間すべて集めると、琵琶湖がほぼいっぱいになる計算だ。

図3-3　富士山で湧水が生まれるしくみ

図3－4は富士山周辺の代表的な湧水の分布図である。最も標高の高いものは富士山の二合目付近、標高一六七〇メートルの地点にある湧水だが、多くは標高一〇〇〇メートル以下で、とくに六〇〇メートル以下の地点に多い。地上の湧水と同様の原理で湧き出す湧水は富士五湖の湖底でも見つかっていて、駿河湾の海底にもあると考えられている。湧水の多くは一秒間に数十から数百リットルという湧水量であるが、なかには一秒間に四〇〇〇リットルを超える大量の地下水が湧き出している湧水地点もある。一秒間に風呂桶二〇杯分もの水が湧き出していると考えると、その規模の大きさが理解できるだろう。

柿田川湧水群も湧出量の大きな湧水の一つだが、このほかにも忍野《おしの》

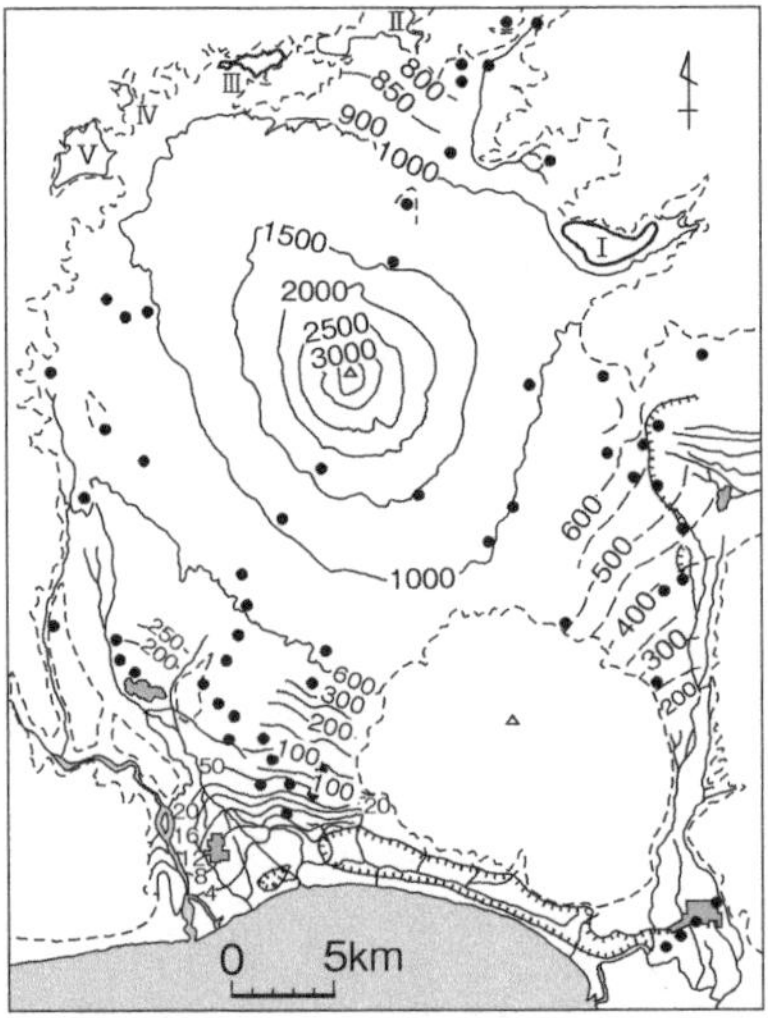


図3-4　富士山麓の代表的な湧水の分布
（『富士山の謎をさぐる』より）

八海や富士山本宮浅間大社（湧玉池）など、著名な湧水の存在が知られている。日大グループによると、一九六八年当時、富士山麓における湧水の総湧出量は年間五億六二〇〇万立方メートルを超えていたと見積もられている。これは富士山に降る雨の約二五％に相当する量だ。

## 地下水は海底にも

実は、海底にも地下水はある。それらは地上の湧水と同じように、海底から湧き出すこともある。

北海道の利尻島の周囲の海底には、この「海底湧水」が多数存在する。地質調査所（当時、現在は独立行政法人産業技術総合研究所）のグループが一九九九年の地下水学会誌に発表した海底湧水の調査結果は非常に興味深いので、もう少しくわしく紹介しよう。

利尻島（図３－５）の周囲に点在するように沿岸の海底湧水が存在することは、地元の漁師には古くから知られていたという。海岸の湧水は沖合の数十メートルから数百メートルに位置し、深さは一〇〜二五メートル。波の穏やかな日には海面上の波紋からその存在がわかるときもあるという。グループは、利尻島の海底湧水の状況をこんなふうに紹介している。

「利尻島には『ホッケの柱』とか『ホッケが巻く』という言葉がある。それは五月から六月にかけて、数万尾のホッケが沖合で海底から柱状にまるで竜巻のように巻き上がるのである。あまりに大量のホッケが柱状に廻っているので、海面には大きな渦が発生し、利尻の春の風物詩となっている。これは、海底に湧出する地下水に無数の虫が群がり、これを餌とするホッケが集まってくるのが原因とされている」

海底の地下水は、海岸にせり出した溶岩流の割れ目から少しずつ湧き出しているものや、海底の砂を巻き上げるように大量に噴き出しているものなどさまざまだ。海底から湧き出す地下水を採取するのはなかなか難しく、ビンを持って潜ったダイバーが直接採取する。成分を分析した結果、利尻島の海底湧水は、山に降った雨が約三〇年もの年月をかけて海底から湧出していることがわかった。さらには、海底の湧水は島全体で一日に四万立方メートルにも達する非常に大規模なものであることもわかったという。

図3-5　利尻島

利尻島の海底湧水。砂を巻き上げて湧水が噴出している（中央）

## 地下水のレンズ

日本国内には大小さまざまな島が存在する。世界の国々の中には、洋上に浮かぶ小さな島国もある。周りを海に囲まれた島の地下では、地下水はどのような状況になっているのだろうか。

離島などでは飲み水不足などに苦しむことが多く、あとで紹介する「地下ダム」を建設するなどして地下水資源の涵養と利用を進めてきた。だが、場合によっては小さな島の下にも大量の地下水が存在することがある。透水性が高い岩石などでできた島では、そこに降った雨が比較的短時間のうちに地下にしみ込んで、地下水を溜めていることが少なくない。

さきほどの金魚鉢の実験に続いて、ここでもう一つ実験をやってみよう。

塩分を大量に含む水の中に、真水を入れたポリ袋を浮かべると、何が起こるだろうか。真水は塩水に比べて比重が小さいので、ポリ袋は丸くなって塩水に浮かぶはずである。周囲を海水で囲まれた島の地下に大量の地下水が溜まると、ポリ袋がなくても密度の差によって淡水が塩水に浮かぶように存在するケースが少なくない。このような地下水は凸レンズのような形に見えるので「淡水レンズ」と呼ばれる（図3－6）。この淡水レンズは、地下水面が海水面よりも高い場合に形成され、地下水位の高さの四〇倍の深さまで淡水が存在しているという（227ページ「ガイベン・ヘルツベルグの法則」参照）。

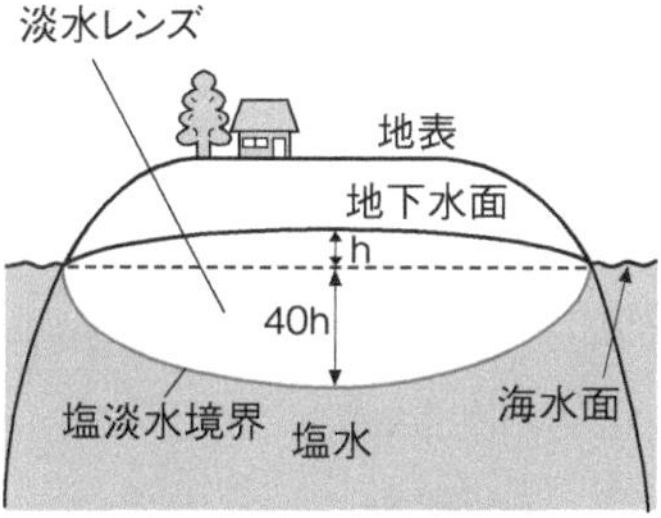

図3-6　淡水レンズの断面図

　こうして自然に形成される地下水と周囲の塩水との境界は「塩淡水境界」と呼ばれる。地下にある塩淡水境界の形を調べることや、地下水のくみ上げや地下の構造物の建設によって塩淡水境界がどのように変化するかを調べることは、地下水利用や塩害の防止、放射性廃棄物の地下処分の安全性や安定性を研究するうえでも重要なものだ。

　淡水レンズは日本では、とくに水を通しやすい石灰岩などでできた南西諸島の島々に多くみられる。沖縄県の津堅島《つけんじま》では、南北六〇〇メートル、東西二〇〇メートルの大きさの淡水レンズが存在し、その厚さは最も厚い場所で一〇メートル超、含まれる淡水の量は九万七〇〇〇立方メートルにもなることが報告されている。この淡水レンズは淡水と海水の微妙なバランスの上に成り立っているので、潮汐《ちょうせき》に従って上下することも知られている。

淡水レンズの中の地下水を持続的に利用できれば、水資源不足に悩む離島の人々にとっては大きな助けになる。だが、淡水レンズの利用はそう簡単ではない。淡水レンズは薄いため単に井戸を掘って淡水レンズから水をくみ上げようとすると、淡水レンズの中に周囲の塩水が浸入し、レンズが壊れてしまうのだ（図3-7）。また、淡水レンズを涵養しようとしても、レンズの表面

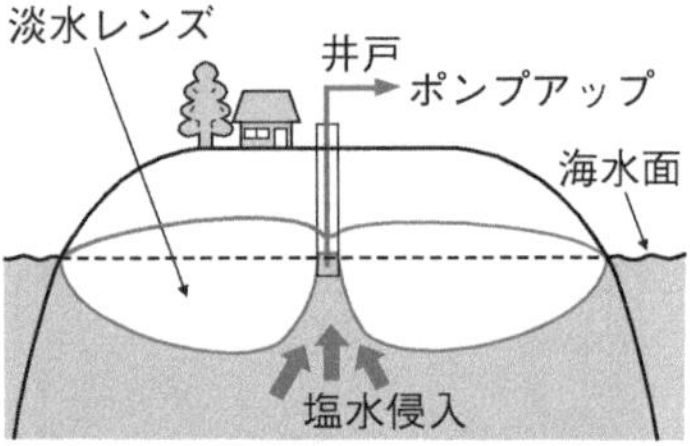

図3-7　塩水の浸入

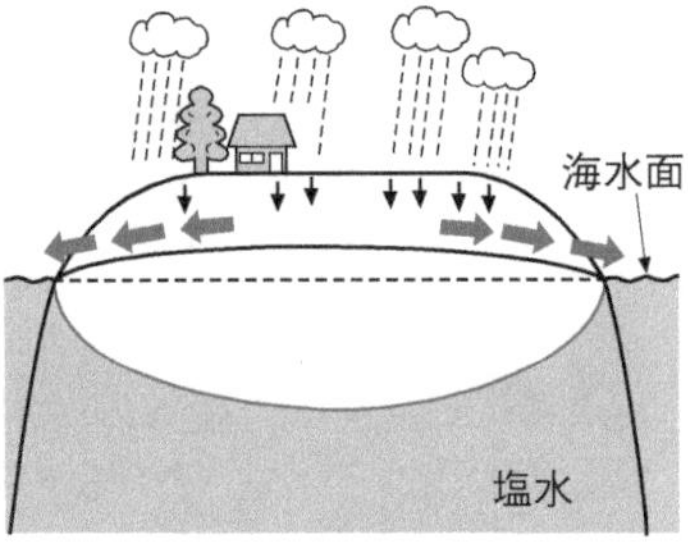

図3-8　海に流れ出る淡水

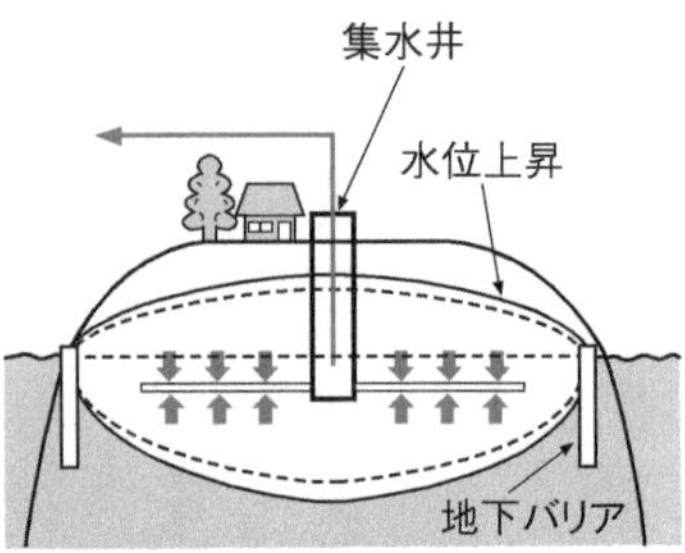

図3-9　地下バリアと集水井

を流れるように淡水が海に流れ出してしまって、なかなかうまくいかない（図3－8）。いずれも、淡水レンズが地下水と周囲の塩水との間の微妙なバランスの上に成り立っていることが主な理由だ。

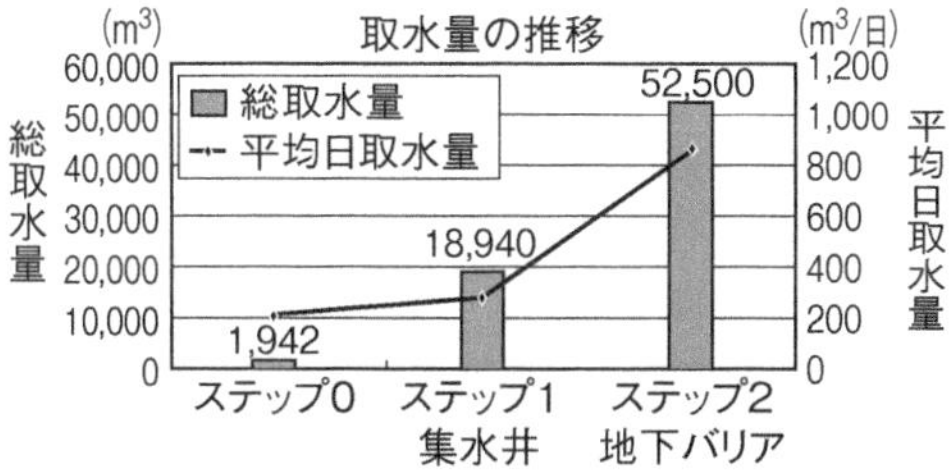


図3-10　津堅島の取水量の推移（「アグリおきなわ」より）

なんとか淡水レンズ中の地下水を持続的に利用できないかという研究が、日本の農林水産省や大学によって進められている。島の周囲にバリアを設置して塩水の浸入を防ぐ手法や、幅の広い井戸を開発して、淡水レンズの中の地下水を広く薄く採取する技術（図3－9）などが研究され、前述の津堅島では、バリアの建設と人工的な涵養によってレンズの厚さが最大で六メートルも厚くなり、井戸の工夫によって採取できる水の量が増えたことが報告されている（図3－10）。

淡水レンズの保全や涵養、持続可能な利用技術の開発は、最終章で述べる地球温暖化が地下水に与える影響を考える際にも非常に大切で、温暖化による海面上昇などで大きな被害を受けると予想されている小島嶼国《しょうとうしょこく》への技術援助などを検討するうえでも重要な課題になっている。

## 温泉の科学

地下水の話をしていると「地下水と温泉はどう違うんだ」と聞かれることがある。温泉に関する話題や科学的な研究は多く「温泉の科学」という本が一冊書けるくらいなのだが、ここではあまり温泉の話には深入りせず、温泉と地下水の関係を簡単に紹介するにとどめたいと思う。

温泉の水は、かつてはマグマの中に含まれる水分、つまりさきほど述べた初生水が起源であると考えられていたことがあった。だが最近では、温泉水は降った雨や雪が地下にしみ込んで循環するようになった地下水、つまり循環水の一種であることがわかってきた。

この研究には、第4章で述べる同位体を使った調査が大きな役割を果たした。温泉の水の中の水素と重水素の同位体の比率を調べると、温泉水ごとに地域差が非常に大きかった。半面、温泉の水は周囲にある河川の水などと非常によく似ている。また、トリチウムを使った温泉の年齢測定の結果からは、温泉水のうちのかなりのものは数日から数ヵ月と非常に若く、とても地下のマグマに起源を持つようなものではないことがわかった。温泉の水もそれほど特殊なものではなく、表流水に近い地下水が、火山活動などの影響で温められて高温になり、地上に噴出したものか、あるいは人間が井戸などでくみ上げたものであった。

とはいえ、温泉の中には先に紹介した化石水が高温になったものも少なからずあり、この場合は水の年齢はかなり古くなる。温泉の起源はさまざまで、なかには非火山性の温泉というものもあるのだが、日本の温泉の多くは「火山性温泉」と呼ばれる、火山活動を熱源とするものである。

日本では温泉法という一九四八年に制定された古い法律によって「温泉」なるものが定義されている。温泉法は第二条で「この法律で『温泉』とは、地中からゆう出する温水、鉱水及び水蒸気その他のガス（炭化水素を主成分とする天然ガスを除く。）で、別表に掲げる温度又は物質を有するものをいう」と定義している。表3－11では「温度（温泉源から採取されるときの温度とする。）が摂氏二五度以上」「物質（左に掲げるもののうち、いづれか一）」とされている。つまり温泉源での温度が二五度以上であるか、表の物質濃度が一つでも基準を超えていれば「温泉」と認められることになる。

| 物質名 | 含有量（1kg中） |
|---|---|
| 溶存物質（ガス性のものを除く） | 総量1,000mg以上 |
| 遊離炭酸 | 250mg以上 |
| リチウムイオン | 1mg以上 |
| ストロンチウムイオン | 10mg以上 |
| バリウムイオン | 5mg以上 |
| フェロまたはフェリイオン | 10mg以上 |
| 第一マンガンイオン | 10mg以上 |
| 水素イオン | 1mg以上 |
| 臭素イオン | 5mg以上 |
| ヨウ素イオン | 1mg以上 |
| フッ素イオン | 2mg以上 |
| ヒドロひ酸イオン | 1.3mg以上 |
| メタ亜ひ酸 | 1mg以上 |
| 総硫黄 | 1mg以上 |
| メタホウ酸 | 5mg以上 |
| メタケイ酸 | 50mg以上 |
| 炭酸水素ナトリウム | 340mg以上 |
| ラドン | 20（100億分の1キュリー単位）以上 |
| ラジウム塩 | 1億分の1mg以上 |

表3-11　温泉法が定める温泉の基準

温泉法は非常に古い法律なので、この定義や成分の選び方に問題があることが指摘されているが、いまのところこれが、世界有数の温泉国、日本における温泉の定義である。二五度という温度だけをとっても、われわれが連想する温泉のイメージとはかなり違っているだろう。二五度以下であっても、表の一九の成分のうち、一つでも基準に達していれば温泉と認められる。しかもこれはあくまでも泉源での成分に関する規定なので、浴槽に入っているお湯とは関連がない。少し前に、温泉の量が足りなくなった温泉宿などが水道水で温泉を水増ししていたことが問題になったが、温泉法上は問題がないともいえる。

最近では一〇〇〇メートル以上の深い井戸を掘って、火山などがない場所でも高温の地下水をくみ上げる温泉施設が各地で建設されるようになった。日本の土地の地下増温率（地温の上昇率）は一〇〇メートル当たり三度が平均なので、地表の温度が一五度の場所で一〇〇〇メートルも地下を掘れば、たいていの場所で四五度以上になり、地下水が豊富に存在していれば「温泉」が得られることになる。これも「非火山性温泉」の一種である。

さまざまな議論はあるものの、温泉は古くから日本人の暮らしに潤いを与えてくれている貴重な「地下水」であることは議論の余地がなく、重要な地下水利用の一形態であるといえる。

コラム

## 地下にもダム

限りある地下水を溜めて、飲料水などに有効利用することをめざした技術に「地下ダム」がある。地下水の流れをせき止める構造物を地下に造って、帯水層中に溜まる地下水の量を増やす技術で、発想は川の流れをせき止めて建造する地上のダムと同じだ。

もちろん、川と違って流れが見えにくい地下水に効果的に止水壁を造ることは簡単ではないが、地下水の流動の解析やシミュレーション、地中探査の技術が進歩するにつれて、地下ダムの技術も進歩してきた。第8章で紹介する沖縄県宮古島では過去に大規模な干ばつに見舞われたことなどから、地下ダムの必要性が指摘され、一九八八年に世界に例を見ない大規模な地下ダムの建設工事が始まった。この結果、二〇〇〇万トンもの水が確保できるようになったという。

地下水が流れ出すのをせき止め、雨が少ないときでも地下水を有効利用できるようにするダムを「堰《せき》上げ地下ダム」という。また、海に面した場所では、地下水の利用によって水源に海水が侵入するのを防ぐ目的で地下ダムが建設されることもあり、これを「塩水阻止型地下ダム」という。国内には一〇ヵ所を超える地下ダムが建設されている。

地下ダムは砂漠化や水不足に苦しむアフリカ諸国でも注目され、日本政府の援助でアフリカのマリやブルキナファソに地下ダムが建設されている。地上のダムと違って環境の改変が少なくてすみ、発展途上国での地下水利用の促進にも貢献すると期待されている。

第4章

# 地下水、その多様な姿

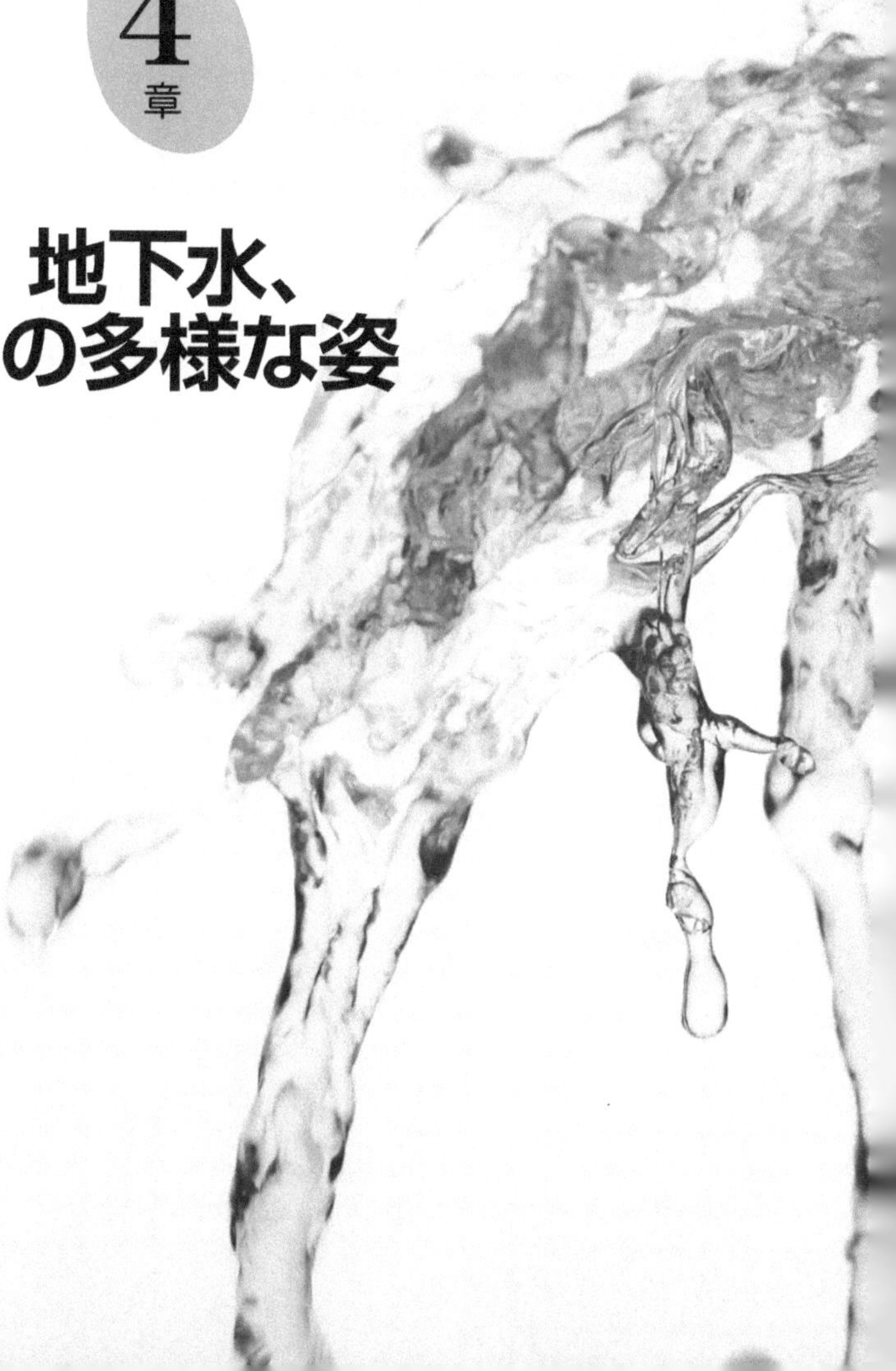

## 圧力が違う

本章ではしばらく、地下での水の姿や性質などに関する研究成果を紹介していこう。

地下水には、地層の浅いところにあるものと、深いところにあって圧力を受けているものの二種類がある。前者を「不圧地下水」といい、後者を「被圧地下水」という（図4-1）。

不圧地下水は、地下の浅い場所に存在することが多く、地下水面は土壌の粒子のすき間を通して大気や地表の水とつながっているので、受ける圧力は地表の水と同じ一気圧である。昔から井戸水として飲み水などに利用されてきたのはこの不圧地下水で、われわれにとって身近で重要な地下水なのだが、人間の活動で汚染されやすいという側面もある。不圧地下水の地下水面は、次に述べる被圧地下水のように難透水層によってはさまれていないので「自由地下水」と呼ばれることもある。

被圧地下水は、地下のかなり深いところに存在し、粒径の小さな粘土やシルトで形成され、水をほとんど透さない「難透水層」という地層にサンドイッチのように上下をはさまれた帯水層にある。難透水層でふたをされているので、大気圧より大きな圧力を受けている。もし、ここに井戸を掘ると、この圧力のために地上に勢いよく噴出してくるものもあり、これは「自噴井《じふんせい》」と呼ばれる。水道水や工業用水として大量に利用されているが、この被圧地下水も利用しすぎると地

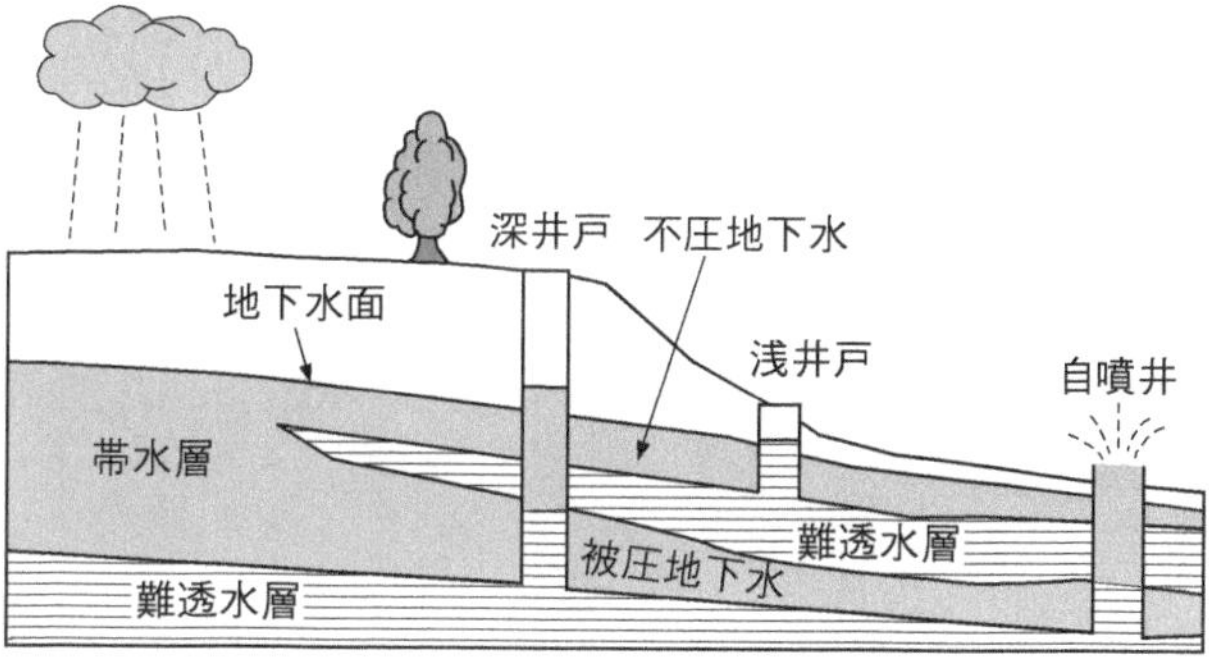


図4-1　不圧地下水と被圧地下水

盤沈下などの地下水障害が起こることがある。最近では地下水のくみ上げ量が増えたことによって、自噴井の数も減ってきてしまった。

不圧地下水のように浅いところにある地下水を利用する井戸を「浅井戸」、被圧地下水のように深い地下水を利用する井戸を「深井戸」という場合が多い。一般的に深井戸の水のほうが、外界から隔離されているので安全性が高く、溶け込んでいるミネラル量が多いといわれている。

ところで、さきの実験のように金魚鉢の中の砂に水を入れたとき、加える水を増やせば、砂の中で水に濡れた部分が上に上がり、水を加えないでおいておくと、水は毛細管現象を通じて蒸発して「地下水面」は低くなり、やがてなくなってしまう。自然界でも不圧地下水の地下水面は、降水や河川などからしみ込む水の量が変わると、それに連動して変動する。金魚鉢の実験では蒸発によって水位が低くなったが、実際にはほかの場所に流下したり、くみ上げられたりすること

熊本市健軍の自噴井

で低下する。

一方の被圧地下水は、金魚鉢の中の地下水のように量が増えてもどんどん上昇していくということができないので、大気圧より大きな圧力を受けている。場合によっては自分で地上への抜け道を見つけて、湧き上がり、湧水となることがある。鑽井《さんせい》、掘り抜き井戸という深い井戸を掘って、被圧地下水の上を覆っている難透水層を掘り抜いて、被圧地下水がある帯水層まで井戸を掘ると、この井戸からも圧力を受けた地下水が噴き上がる。これが自噴井である。

## 動く地下水

地下水の中には第3章で紹介した化石水のようにほとんど動かないものもあるが、大部分は河川水と同じように流動、つまり流れている。河川水とまったく同じというわけではないが、地下水の流れを支配しているのは、原則的には川の流れと同じように重力である。つまり、水位の高い方から低い方に流れているのである。

砂に水がしみ込んだ金魚鉢をそっと傾けてみると、何が起こるだろうか。これまで乾いて白かった砂に徐々に水が流れ込んで黒くなり、水がなくなった場所はだんだん乾いてくる。やがて地下水面が再び水平に戻ったところで、水の動きは止まるはずだ。

実際の地下でも、これと似たようなことが起こっている。何万年もの時間をかけて形成された地層は非常に複雑で、ガラスの金魚鉢の底、つまり岩石などの形や傾き、その上に乗っている砂礫層などの透水層の状況もさまざまだ。金魚鉢の実験について前出の市場さんは「自然の大きな金魚鉢——つまり地層のときでも事情は全く同じことだ。もしその底が斜めだったら、地下水は低い方へ低い方へと流れ出す。ところで自然の金魚鉢の底——つまり水をとおさない粘土や岩の層は、決して水平にはできてない。地表が山あり谷ありででこぼことしているのと同じように、粘土や岩の層も山や谷があってあるいは高くあるいは低くうねっている。だから、地下水は高い所から低いところへと地形や地質に従ってゆっくり流れていく」と述べている。

ただ、地下水の流れは河川などに比べるとはるかに遅い。これは地下水が、砂や礫の粒子の間の小さなすき間の中を通って移動するためだ。ただ、同じ地下水でも、不圧地下水の流れは被圧地下水に比べて比較的速い。河川のすぐそばを流れる地下水は、地表水に非常によく似た流れ方をしている。これに対して、被圧地下水の流れは非常に遅い。なかにはほとんど流動せずに、湖のように地下で停滞しているものさえあるという。

また、地上の海面や河川、湖沼の水面はほぼ平らで均一だが、地下水の場合、帯水層の厚さや状況によって水面の状況も大きく違ってくる。

目に見えないことに加え、地下水の挙動はこのようにとても複雑なので、地下水について研究することは非常に難しいのである。

## 流速は一日平均一メートル

『日本の地下水』という本を著した農業用地下水研究グループによると、河川の水の流速が毎秒数センチから速くても数メートル、一日では数キロから数十キロであるのに対し、帯水層の中を流れる地下水の流速は一日に数センチからせいぜい数百メートル程度で、平均的には一日一メートル程度であるという。

表4－2は地下水の流れの速さから、地下水が循環する時間、つまり水が入れ替わる時間を示したものだ。地下水が入れ替わる時間が河川などに比べて長いことはすでに紹介したが、深いところにある被圧地下水の中には、人間がくみ出したりしないかぎり、非常に安定で、動きがほとんどないものもある。

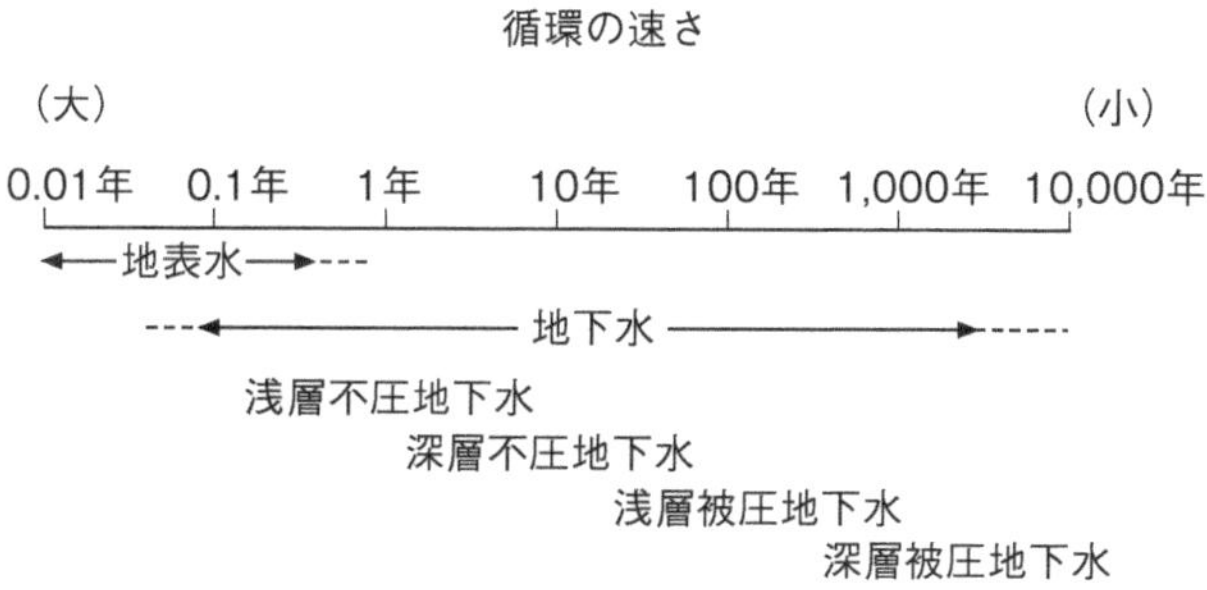


表4-2　水の循環速度（『日本の地下水』より）

地下水と地表水のこのような流速の差は、地表水が一年間のうちで何回も入れ替わり循環するのに対して、地下水は数十日から数千年に一回程度の割合でしか循環できないということを示すものであり、この事実は、地下水を水資源として利用する場合十分に念頭にいれておかなければならないと、同グループは指摘している。第1章でも述べたが、地下深い場所にあって動きが遅い被圧地下水は、水量が豊富で、ポンプで容易にくみ上げて利用できるのが特徴で、人間にとっては非常に都合がいい地下水である。だが、動きが非常に遅く涵養量が少ないため、被圧地下水を大量にくみ上げると、ときには簡単に枯渇したり、地盤沈下の原因になったりしてしまうのである。

## ダルシーの法則

地下水の流動の研究において非常に重要な成果を挙げた人物が、フランスのディジョン生まれのアンリ・ダルシー（一八〇三～一八五八）という技術者だ。

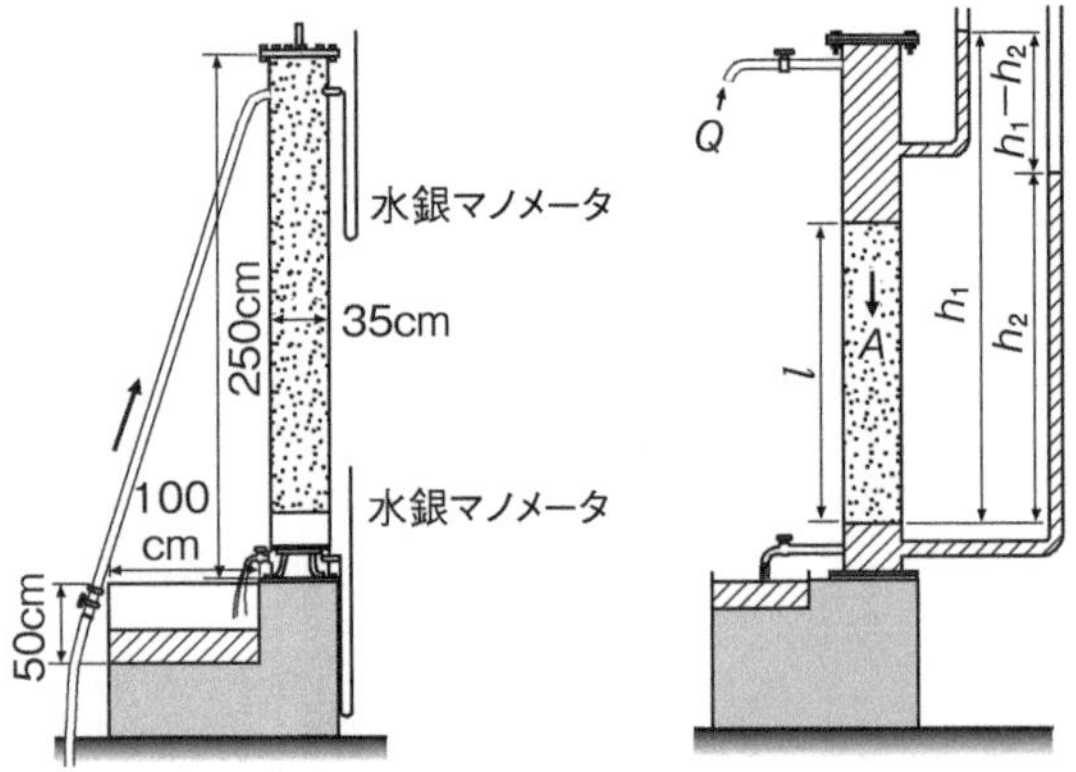


図4-3　ダルシーの実験装置（『水文科学』より）

ダルシーは図4－3のような実験装置を使って、砂の中に浸透する水の速度の研究を行った。その結果導かれたのが「砂などで満たされた管（充塡層《じゅうてんそう》）を通って水が流れるとき、その水の流量は、充塡層の端と端の圧力差に比例して、充塡層の長さに反比例する」というものだ。

くわしいことは省略するが、この「ダルシーの法則」から、地下水が地層を流れるときの流量が計算できる。簡単に言えば、地下水の流量は、土壌などの性質によって決まる「透水係数」という値と、「動水勾配」という値、そして帯水層の面積との積によって求められる。

透水係数とは、その土の中の水の通りやすさを示す値で、粒子の粗い礫《れき》なら大きく、粒子が細かい泥では小さくなる。動水勾配とは、流速を測定する出発点と終点との間の傾きのようなものと考えればいい。粒子が粗い土で、透水層の傾きが大きければ地下水の流量は大きくなり、粒子が細かく、傾きが緩やかであれば、地下水の流量は小さい。こう言ってしまうと当たり前のことのようだが、地下水の流動の研究や調査をするうえではこの法則はいまでも非常に重要で、地下水の流れや循環などを対象とする地下《ちか》水文学《すいもんがく》の教科書に必ず出てくるものだ。

といっても、実際の地下水の流速や流量などを知ろうとしたら、この法則だけでは何もわからない。透水係数を知るためには、ボーリングをしたり、井戸を掘ったりして地下の透水層の状況を実際に確かめなければならないし、動水勾配を知るためには広い範囲での地質調査や地下水位の調査などが必要になる。透水係数は同じ岩石でも割れ目の有無などによって大きく変わるし、粒径などによっても大きく異なり、場合によっては同じ種類の岩石でも四ケタも五ケタも違うことがあるのだ。一九四二年にアメリカのメインツァーとウェンゼルという二人の研究者が約二〇〇〇ヵ所の土を採取してその透水係数を実験室で調べたところ、大きいものと小さいものとではなんと四億五〇〇〇万倍の違いがあったという（表4－4）。それだけ現場での地質調査や地下水位の調査などが重要になるというわけだ。

| 土層 | 透水係数 (cm sec$^{-2}$) | 地層 (間隙率%) |
|---|---|---|
| 未風化の粘土 | $10^{-8}$ | 結晶片岩(0.01) |
| 層化した粘土 | $10^{-7}$ | |
| 砂・シルト・粘土の混合物 | $10^{-6}$ | 花崗岩(1) |
| シルト | $10^{-5}$ | 石灰岩・頁岩(5) |
| | $10^{-4}$ | 砂まじり粘土層(40) |
| 極微砂 | $10^{-3}$ | 粘土まじり砂層(30) |
| 粒子が均等な細砂 | $10^{-2}$ | 砂岩(15) |
| | $10^{-1}$ | 砂礫層(20) |
| 均等な砂と礫の混合物 | 1 | 礫層(25) |
| 粒子が均等な礫 | 10 | |
| | $10^{2}$ | |

表4-4　透水係数の比較（『水の循環』より）

透水係数を知るためには、複数の井戸を掘って、そのうちの一ヵ所から地下水をくみ上げて人工的に地下水の流れをつくり、周囲の観測用井戸で地下水位の変化を調べる「揚水試験」という手法がとられることがある。ダルシーが試験管を使って行った実験を、現場で大規模に行うようなものだが、これは非常に手間とお金がかかるのが難である。

地下水の研究が難しく、必ずしも進んでいないのもこのためだ。榧根《かやね》勇・筑波大学名誉教授によると、井戸や泉の成因に関しては古くからさまざまな憶測がされてきたが、地下水を涵養するものが降水であることが一般的に認められるようになったのは一八五〇年代以降のことで、地下水の流れを支配する要素が学問的にきちんと定義されたのは一九四〇年ごろのことであるという。地下水流動の研究が本格的に始まったのは、ようやくこのころからなのだ。

## 流れを調べる

地下水の存在やその流れを調べることは、このように非常に困難だ。従来は地下水が存在する場所にいくつもの井戸を掘って、ときには食塩のような物質を流して、二点間の電気伝導度の変化を調べたり、井戸の中に色素を入れた水を流して流れを目に見えるものにしたり、といった手法もとられてきた。これらの手法における食塩や色素は「トレーサー」と呼ばれる。また、地下水の温度が地上のものとは違っていることから、地下のさまざまな場所で地下水の温度を測り、これを手がかりに地下水の動きを再現しようという研究も、各地で行われている。

いま、地下水の流れを知るために有効な手法は、放射性同位体をトレーサーに使うものだ。同位体をトレーサーに使うと、食塩などの電解質を使うよりも広範囲で正確に、流れの速さや方向が観測できる。前出の榧根さんによると、地下水の流れの研究に同位体が使われるようになったのは一九六〇年以降のことであるという。

微量の同位体を地下に入れて流れを調べる手法も一部で使われるが、天然に存在する同位体を使った研究が広く行われている。水素の同位体である三重水素（トリチウム）や重水素、炭素の同位体の炭素14、ヨウ素１３１などが使われる。これらの物質が研究に使えるようになった背景には、微量放射性物質の測定技術の進歩があったことは言うまでもない。

自然界にごくわずか存在する水素の同位体のトリチウムや炭素14などを使うと地下水の流れだけでなく、地下水が滞留する時間を手がかりに、その「年齢」を知ることもできる。冷戦時代に盛んに行われた核実験の影響で、二〇世紀半ば以降の雨水のトリチウム濃度はそれ以前に比べて高くなっている。このことから、地下水がいつごろの水によって涵養されたかも知ることができる。同位体は主に研究レベルで使用されていて、一般的には従来の色素や食塩による方法が多く用いられている。

また、最近ではボーリングで掘った穴を利用して、超音波やレーザー光によって地下水の流速や流れの方向を直接計測できる装置も開発され、地下の見えない場所にある地下水の動きの研究に威力を発揮している。

## 流れの可視化

河川水の流れに似た不圧地下水の流れは、比較的調べるのは容易だが、地下の深い場所にある被圧地下水がどのように流れるかを知るのは難しい。非常にゆっくりしていて観測が困難であるのに加え、流れ方が重力だけでなく、水が受ける圧力によっても影響されるからだ。専門家は、地下水を流動させる要素を「地下水ポテンシャル」と呼ぶ。これは高い場所から低い場所に向かって流れようとする地下水の力である「重力ポテンシャル」という値と、地下水にかかる圧力の大小を示す「圧力ポテンシャル」という値を足したものとして示される。地下水は、地下水ポテンシャルの大きい場所から、小さい場所に向けて流れ、やがて地上に湧水としてわき出したり、河川の源流となったりすることになる。

さまざまな観測によってこの地下水ポテンシャルを調べ、同じポテンシャルを持っている場所を線でつなぐと、地上の等高線のようなものを描くことができる。これは「等ポテンシャル線」と呼ばれる。ある研究者によると、これは多分に「芸術的」ともいえる技能を必要とする作業だそうだ。

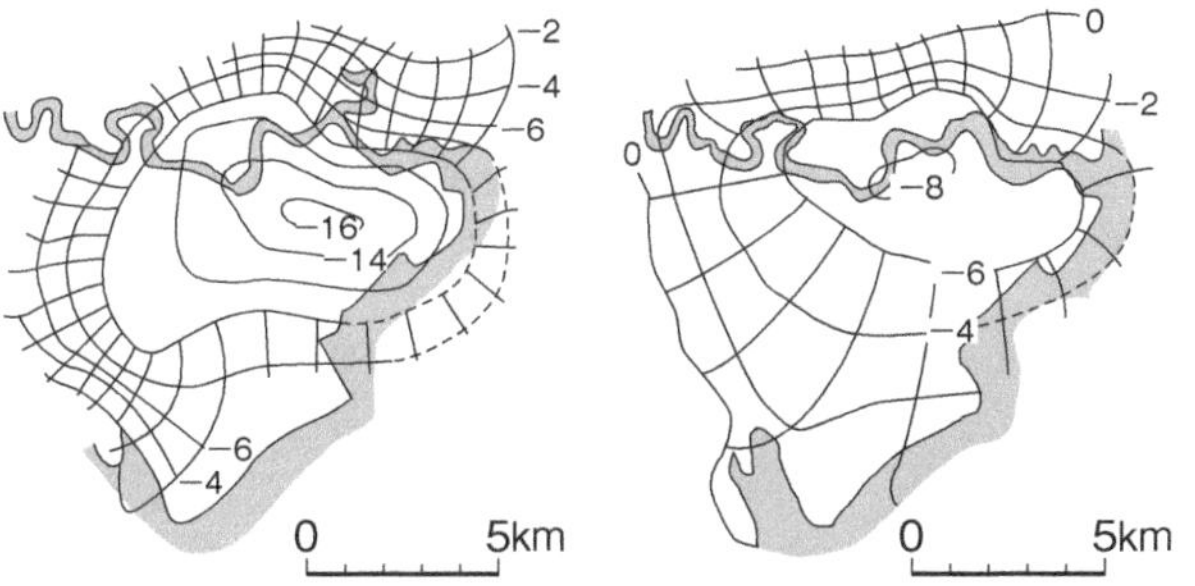


白石平野における地下水流線網(Ⅰ)
昭和39年9月4日　単位はm

白石平野における地下水流線網(Ⅱ)
昭和40年2月22日　単位はm

図4-5　流線網（『海洋と陸水』より）

地上の川の流れが等高線に直交して流れるように、地下水もこの等ポテンシャル線に直交して流れる。色素や同位体などのトレーサーを使って得られる地下水の流れの「軌跡」である「流線」は、この等ポテンシャル線に直交している。等ポテンシャル線とさまざまな場所の流線を一つに描いたものを「流線網」（図４－５）という。これは地下水の地図のようなもので、等ポテンシャル線の間が狭い場所では地下水の流れは速く、ポテンシャルの勾配が緩やかな場所では、地下水はゆっくりと流れていることを示している。

この流線網は、地形図と同様、実際は三次元の立体的なものを、二次元の平面に記したものだ。近年の情報処理技術やコンピュータによるシミュレーション技術の進歩に伴って、地形などと同様に、地下の状況やそこを流れる地下水の状況をコンピュータ上に再現するシミュレーション技術が進歩してきた。これも最初は平面的な二次元のものであったのが、最近では三次元的に表現し、流れをシミュレーションする手法が一般的になってきた。この技術は地下鉄などのトンネルや地下の構造物などを造る際に湧き出す地下水の量を推定したり、対策を講じて工法を開発したりするうえで、いまではなくてはならないものになってきた。

巨大なダムを建設すると、地下に浸透する水の量が増えて、周囲の地下水の流れにさまざまな影響を与えることが知られているが、地下水の三次元流動シミュレーション技術は、このような地上の構造物が地下水に与える影響を予測する際にも使われる。この技術はまた、高レベル放射性廃棄物を地下処分する際の環境影響評価や安全性研究にも使われるようになっている。

## 炭素14でわかった地下水の年齢

地下水の流動や流速、あるいは滞留の状況を調べると、ある地域の地下水がどれくらいの年月で入れ替わるか、そこにある地下水が地下にしみ込んでからどれくらい経ったものであるか、つまり地下水の年齢を知ることができる。ここでも役に立つのは、トリチウムや炭素14などの放射性同位体だ。

炭素14は、高層大気中の放射線によって生成される炭素の同位体である。通常の炭素（炭素12）に比べてその存在量は一兆分の一とごくわずかで、半減期は五七三〇年だ。炭素14は通常の炭素と同じく酸素と結合して二酸化炭素となり、光合成で植物の中に取り入れられ、餌としてそれを食べる動物の体内にも取り込まれる。植物が生きている間は大気中から炭素14を含んだ二酸化炭素を取り込んでも炭素14と炭素12の比率は一定なのだが、生物が死ぬと取り入れられる炭素14は減少する一方なので、炭素12に対する比率はどんどん小さくなる。つまり、炭素14の量を調べることで植物や動物が死んだ時期や、ある植物を使って造られた遺跡の年齢などがわかるというしくみで、この手法を開発した米国のリビー博士は一九六〇年にノーベル賞を受賞している。微量分析の技術が進歩するのに伴って、数万年前までの年代も測定できるようになった。

土壌の中にある炭素14を含む二酸化炭素は、地上に降って地下に浸透する水の中にも取り込まれる。この二酸化炭素はもともと植物が光合成によって固定したものなので、地下水中の炭素14の量を計測して、現存する植物の中の炭素14濃度と比較すれば、現在は地下水になっている水が、いつごろ地上に降り、地下にしみ込んだかを推定することができる。

この手法によってアメリカ・テキサス州の地下水が二万七〇〇〇年前のものであることが報告され、欧州でも一万歳を超える地下水の存在が確認されている。

これまで報告されたなかでとくに古い地下水は、アフリカ・サハラ砂漠東部の地下深い場所に存在する地下水だ。一九六二年にドイツの研究グループなどが行った地下水の炭素14による年代測定から、この地下水は二万五〇〇〇年から三万五〇〇〇年前のものと推定された。その後、三万五〇〇〇年以上昔に降った雨水だとみられる地下水が南米で見つかり、一〇〇万歳を超える地下水もオーストラリアの大鑽井盆地などで確認されている。

これらの研究成果は、われわれがそうとは知らずに使っている地下水の中に、何万年も前に降った水を起源とするものもあることを示している。その間に地下の構造などは大きく変わっているはずなので、その後もこの地下水が継続的に涵養されているとは限らない。

地下水はつねに雨水などによって補充、涵養されている循環資源だという受け止め方が一般的であるが、このように「高齢」の地下水は、石油や天然ガスなどのようにわれわれが一回限りしか使えない資源であることを繰り返し強調しておきたい。

## 短期間の年齢測定にはトリチウム

半減期が長い炭素14は、何千年、何万年という長期間の年齢の測定に威力を発揮するが、その誤差もかなり大きい。これに対し、約五〇年程度の短期間の年齢測定に用いられる同位体が、先に紹介した水素同位体のトリチウムだ。

水素には通常の水素のほか、質量数が二倍の重水素と三倍の三重水素という三つの同位体が存在する。トリチウムとは三重水素のことで、陽子一個と中性子二個からなる。半減期は一二・三年で、大気中で放射線などによって生成され、天然にごく微量存在する。トリチウムは酸素と結合して水（トリチウム水）となり、雨水として降り、地下に浸透し、地下水になる。地下水になると大気中からの新たなトリチウムの供給がなくなるので、地下水中のトリチウムの量は時間とともにどんどん少なくなってゆく。この量を手がかりに地下水の年齢を調べようというのがトリチウム年代測定法である。この手法は表層に近い地下水や温泉水などの年齢を調べるのに広く使われている。

一九五〇年代以降にアメリカや当時のソ連などによって盛んに行われた核実験の影響で、五〇年代後半から六〇年代にかけての大気中のトリチウムの濃度はそれまでに比べて非常に高くなっていた。その後、核実験の数が減ったために濃度は徐々に昔に戻りつつある。

図４－６は、モンゴルで測定された地下水中のトリチウム濃度のグラフである。現在の地下水中のトリチウムの濃度の〇から一〇を基本に、半減期を考えて算定したものが図中の灰色の帯の部分である。これを丸で示された降水中のトリチウム濃度と比較すると、現在の地下水は一九五五年より前に降った雨であることがわかる。もし、一九五五年以降の雨だったとするならば、トリチウム濃度はもっと高くなっているはずだからだ。つまり、この地下水の年齢は五〇歳以上にもなるということである。

これに対し、この地下水よりも上流部に当たる場所で採取した地下水中のトリチウムの濃度は二〇から五〇と高く、一九五五年以降にもたらされた比較的新しい水であることがわかった。当

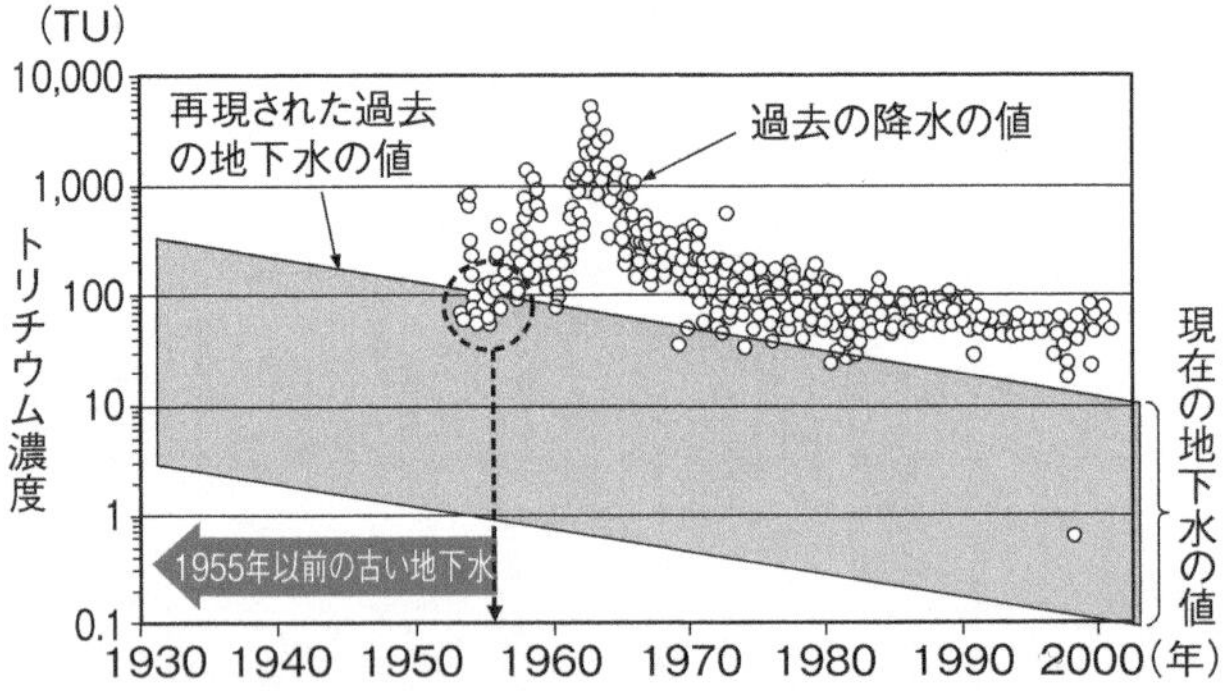


図4-6　**トリチウムによる年代測定**　再現された地下水の値はかなり低く、古い地下水であることが読みとれる（『草原の科学への招待』より）

然ながら、両者の距離がわかれば、この地域の地下水の見かけの流れの速さもわかることになる。

また、同じ場所に何本も深さを変えて井戸を掘って地下水を採取し、そのトリチウム濃度を調べれば、その場所に降った雨が地下水となって地下に浸透してゆく速度も知ることができる。さらに、上層部の地下水と深いところの地下水が混じり合っているのかいないのか、混じり合っているとすればどれくらいの比率なのかなども知ることができる。

前出の榧根さんは、関東地方の地下水のトリチウム濃度に関する研究をまとめ（表4－7）、日本に存在する地下水はトリチウムの濃度が低く、一九五五年より前に涵養されたとみられるものが少なくないことを報告している。

## 夏は冷たく、冬は温かい

| 地区＼TU | 0～0.9 | 1～4.9 | 5～9.9 | 10～19.9 | 20～29.9 | 30～39.9 | 40～49.9 | 50～59.9 | 60～69.9 | 70～79.9 | 80～89.9 | 90～99.9 | 100～199.9 | 200～499.9 | 500以上 | 資料数 |
|---|---|---|---|---|---|---|---|---|---|---|---|---|---|---|---|---|
| 駒込 | 2 | | 1 | | | 1 | 1 | | | | | | | | | 5 |
| 多摩 | 3 | 2 | | 4 | | 1 | | | | | 1 | | 4 | 1 | | 16 |
| 関東全域 | | 4 | 1 | 7 | 1 | 1 | 1 | 1 | 2 | 1 | 1 | 1 | 3 | 6 | | 30 |
| 江東 | 3 | 8 | 4 | | | 1 | 1 | 1 | | | | | | | | 18 |
| 埼玉東部 | 1 | 12 | 19 | 7 | 1 | 1 | | | | | | | | | | 41 |
| 市原 | 1 | 2 | | | | | | | | | | | | | | 3 |
| 合計 | 10 | 28 | 25 | 18 | 2 | 5 | 3 | 2 | 2 | 1 | 2 | 1 | 7 | 7 | | 113 |
| 黒部川扇状地 | | | | | | 1 | 2 | 2 | 3 | 4 | 7 | 5 | 12 | | | 36 |

表4-7　関東地方の地下水トリチウム濃度の度数分布（榧根勇氏による）

ところで、湧き水や井戸水といえば「夏は冷たく、冬は温かい」というイメージがある。これは本当なのだろうか。

大気の温度、気温は日本では冬は氷点下近く、真夏には三〇度以上、最近では四〇度を超えることもある。これに対して、極端に深くない地下の温度は気温に比べて変動が少なく、場所によっては年間を通じて温度変化が非常に小さいことが知られている。地下水の温度は周囲の地層の温度に左右されるので、一般的に温度の変動は、気温や、気温に大きく左右される表流水の温度に比べて小さい。河川の水温が夏には二八度から三〇度程度にまで上がるのに対し、地下水は一般的に一六度から二〇度程度だといわれている。逆に冬場の地下水の温度は、凍結してしまうこともある表流水に比べると、かなり高い。地下水が「夏に冷たく、冬温かい」といわれるゆえんである。とはいえ、やはり冬の温度は夏に比べて

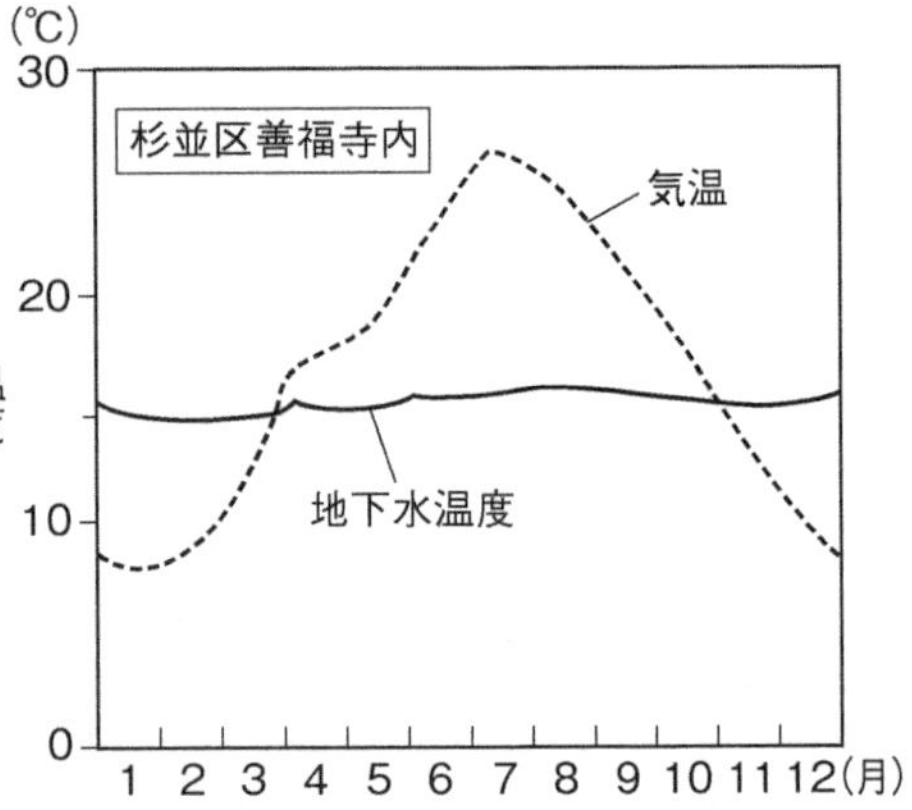


図4-8　杉並区の善福寺公園にある地下水の温度と気温
（「地質調査所報告」より）

低いので、これはあくまでも外気温などと比較しての印象でもある。

図４－８は、東京都が水源にしている杉並区の善福寺公園にある地下水の温度と気温について、一年間の変化を示したグラフである。地下水の温度は気温が一〇度より低くなる真冬でも一三・五～一四度、気温が三〇度前後になる真夏でも一六度程度と、変動幅が非常に小さいことがわかる。夏の井戸水が冷たくさわやかに感じられ、冬には温かく感じられることが、このグラフからよくわかる。

地下水の温度を左右する地層の温度は、表面に降り注ぐエネルギーの量によって決まる。地下水の温度を研究するためには、地上に降り注いだ太陽のエネルギーがどのようにして地下に伝わり、それが地下水の温度にどのような影響を与えるのかを見ていくことが重要になる。しかし、地下水は池の水のように地下でじっとしているわけではなく、場合によってはかなりの速度で流れているので、温度はその動き方によっても変わってくる。地下水温の研究がなかなか難しいのはこのためだ。

地表面の温度差が一日の間でも、一年を通じても非常に大きいのに比べて、地中では地層の温度差は急速に小さくなり、日較差《にちかくさ》は四〇～五〇センチの深さでほとんどなくなり、年較差も深さ一〇メートルほどでほとんど見られなくなる。温度変化が小さい地層のことを、とくに「恒温層」または「不易層」と呼ぶ。

日本の場合、恒温層がある深さは一〇～一四メートルで、その温度は一〇～一八度。北海道では深度は浅くて温度が低く、九州や四国では、深度は深く温度は高くなる傾向にある。夏に冷たく、冬には温かいと感じられるほど温度変化が小さい地下水の特徴は、この地下の恒温層の存在によるものである。

## 消雪パイプ

冬の地下水の温度が外気温よりもかなり高くなることを利用したものが、雪国でみかける地下水を使った道路などの消雪装置である。地下水を流したパイプに一定間隔で穴を開けて、道路に水を散布する簡単なしくみのものが広く使われていて「消雪パイプ」とも呼ばれている。日本有数の豪雪地帯である新潟県長岡市で、「柿の種」で知られる浪花屋製菓の創業者である今井與三郎さんが、雪が積もったときに地下水がしみ出した場所にだけ雪がないことにヒントを得て考案

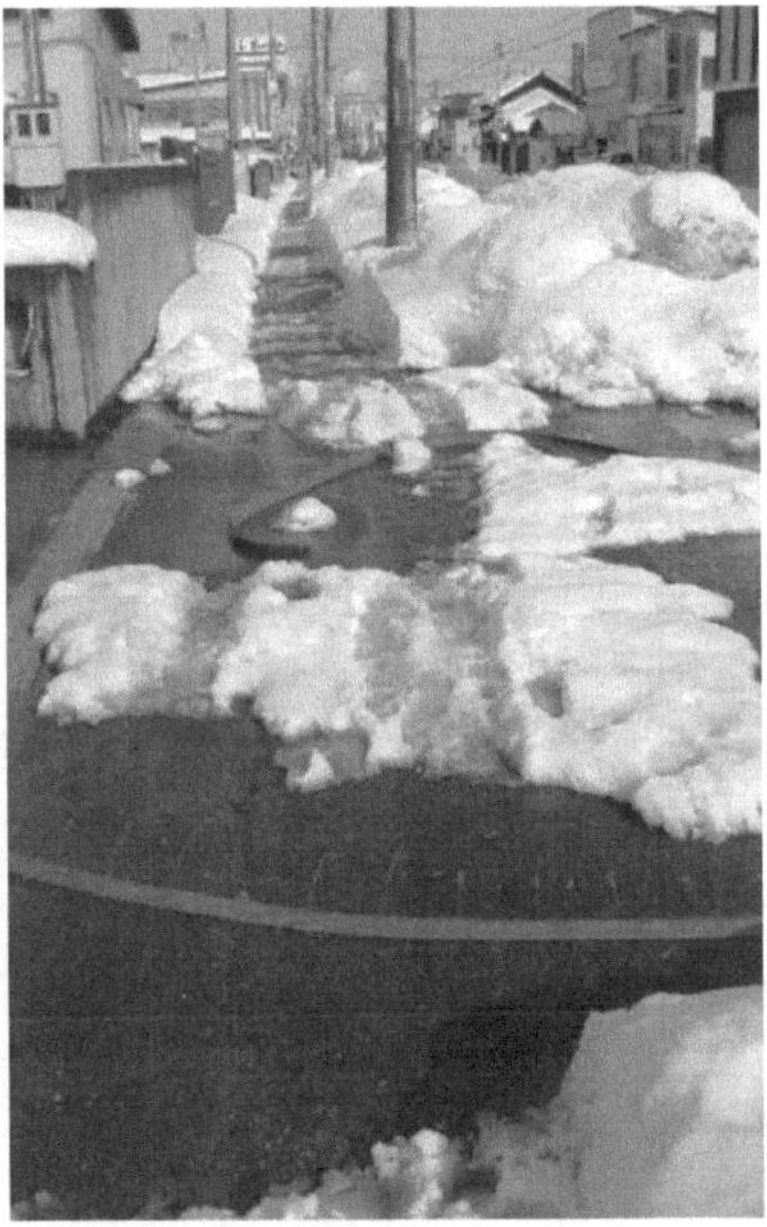

新潟県の消雪パイプ

したとされる。

新潟県によると、これは「画期的な方法であったことから特許」となり、今井氏の好意で一九六一年に長岡市が全国で初めて設置を手がけたところ、「三八《さんぱち》豪雪」と呼ばれた一九六三年の豪雪でその効果がクローズアップされ、全国に普及した。現在では老朽化も進んでいるが、一方では一九六五年ごろに設置された消雪パイプの一部がいまなお現役で活躍している。

消雪パイプの散水に必要な水は通常、専用の井戸を掘り、地下水をくみ上げて使うので、地下水が豊富な地形、地質条件のところでないと消雪パイプは設置できない。以前は雪が積もったのを見て人間が操作をしていたが、現在のほとんどの消雪パイプは降雪感知器がセットされていて、おおむね零度以下の環境で雪が降ると、自動的に散水が始まるシステムになっている。真夜中の突然の降雪にも対応できるというわけだ。新潟県はホームページで「消雪パイプは造っておしまいの施設ではありません。継続的なメンテナンスが欠かせない施設の代表選手でもあります。このため毎年、冬を前にして長岡地域整備部管内の全ての消雪パイプの点検を行います。ノズル（管先端の水の出る部分）を1個1個チェックし、砂による目詰まりの解消や散水量の調節、その他の補修を作業員の手作業で実施」していると紹介している。

消雪パイプは地下水の特性に着目したユニークな利用方法の一つで、これによって雪国の人々の暮らしはとても便利になった。だが一方で、地下水のくみ上げすぎによる地盤沈下や井戸涸《か》れなどの問題も顕在化した。新潟県は地下水の過剰なくみ上げによる地盤沈下が日本でかなり早い時期に顕在化した地域の一つだ。とくに南魚沼市六日町では、消雪用の地下水の利用が原因となった地盤沈下が深刻だ。十日町市内には総延長一二〇キロもの消雪パイプがあるのだが、市は地下水のくみ上げを条例で規制し「地下水は有限な、共有資源です。使い続ければ、いつか涸れてしまいます」と節約を呼びかけている。

地下水の温度にこのような性質を与えている恒温層はかなりの厚さなのだが、地下をどんどん掘っていくと、今度は地下にある熱源、いわゆる地熱の影響で、地中の温度もそこにある地下水の温度も徐々に高くなっていく。地温の上昇率（これを地下増温率という）は深度一〇〇メートルにつき三〜五度程度であるようだ。深い井戸を掘って得られる地下水の中には、かなり温度が高い地下水も存在する。地下増温率が高い場所を見つけて、一〇〇〇メートル程度の深い井戸を掘って地下水をくみ上げることができれば、火山地帯でなくても水温が二五度以上の「温泉」を得ることができる。近年、井戸の掘削技術の進歩もあって、地下の非常に深い場所にある温水をくみ上げた温泉施設が各地に建設されるようになってきた。これも人間による新しい地下水利用の一つである。

## 江川の異常水温

ところが日本には「冬の温度が二〇度以上、逆に夏には一〇度前後になる」という、本当に「夏に冷たく、冬には温かい」地下水が存在する。徳島県吉野川市（旧鴨島町）にある地下水と、それが地上に湧き出した湧水だ。

「江川の湧水」と呼ばれるこの地下水は、四国最大の河川、吉野川が徳島平野に出る近くにあり、環境庁（当時）の「名水百選」にも選ばれている。江川は吉野川の堤防の下から湧き出す湧水を唯一の水源とする小さな川で、湧水地点から約九キロ先で吉野川に注いでいる。

不思議な水温のふるまいが注目されるようになったのは昭和の初期。冬にスイレンが咲き、川の中の魚が活発に動き回っている奇妙な光景が見られる場所として知られていき、「江川水温異常現象」として県の天然記念物にもなっている。

新井正・立正大学名誉教授によると、吉野川は現在では堤防で囲まれているが、大正時代まで

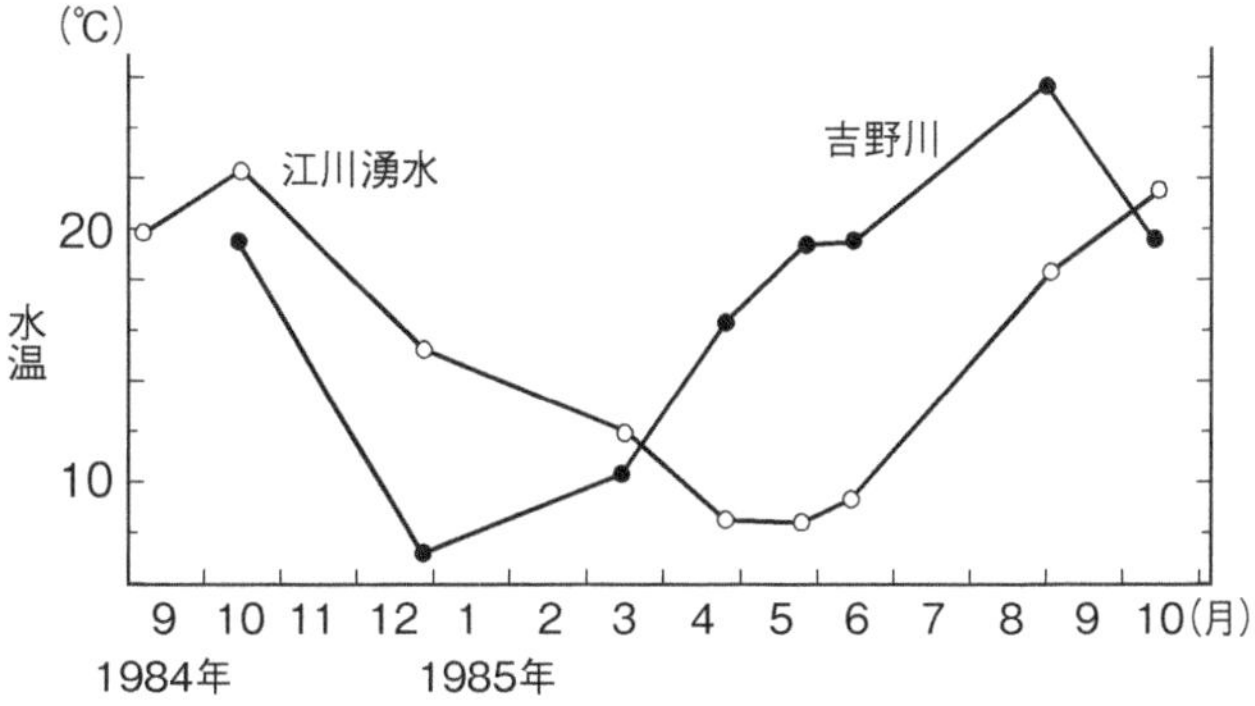


図4-9　江川湧水と吉野川の水温の年変化（『地域分析のための熱・水収支水文学』より）

は多くの支流を持つ分流が激しい川で、江川は吉野川の本流だったという。だが、大正期の河川改修で江川は本流から切り離されてしまい、湧水を水源とする支流の一つになってしまった。異常な温度が観測されるようになったのは、この工事後からだという。

図4－9のように江川の湧水の水温は五月ごろに最低の約九度、一〇月ころに最高の約二二度に達する。水源になっているとみられる吉野川の水温も図にある通りで、この川の水温そのものが、気温の変化よりやや遅れる形で変動している。だが、江川の湧水の変化は、これよりさらに二〜四ヵ月も遅れた変動を示している。

いったいなぜ、このような現象が起こるのだろうか。環境省は「『大正時代、江川上流に堤防が造られ、吉野川本流から分離された。わき水は隣の川島町（筆者注・現吉野川市）にある城山付近から本流の一部が地下水となり、砂れき層をゆっくり流れ、長い間温められたり冷やされ、地

江川の湧水

下の定温層を半年がかりで江川に到達する。』という説が有力である」としている。吉野川の水が地下にしみ込んで、長期間かけて地上に湧き出したために、温度の変化と気温との間に大きなズレが生じた、という考え方だが、そのくわしいメカニズムはまだ解明されていないいまだ。

## 高山の地下水は冷たいか

山歩きをする楽しみの一つは、渇いたのどを冷たい湧き水で潤すことだろう。それでは高山帯の地下水の温度は、平野の地域などに比べて本当に低いのだろうか。そもそも地下水の温度は土地の高さなどによって違ったりするのだろうか。

地質調査所（当時）の研究者が、青森県から鹿児島県まで一五〇ヵ所あまりの地下水の温度を調べた研究成果が一九六七年に発表されている。調べた井戸は深さ五〇

図4-10　地下水温度の等値線（「地質調査所報告」より）

から一〇〇メートル程度の浅井戸だった。これを見ると、地下水の温度は沿岸部の平野部ほど高い傾向にあり、山地の縁などでは温度が低い傾向にあった。温度が低い東北・北陸地方と、温度が高い四国、九州地方とでは平均六度の差があった（図４－10）。

各地でさらに大きな差があったのは地下増温率で、東京都内では一〇〇メートルあたり〇・四〜二・四度だったのに対し、神戸、大阪、奈良盆地などではかなり高く、一〇〇メートルあたり五度を超えるケースもあった。この値は鳥取市付近では同九度とさらに高く、一方では同じ近畿地方でも京都盆地では低いなど、地域差が大きいことがわかった。井戸の深さにもよるが、地下増温率が高い地域の地下水の温度は高くなる傾向にあり、なかには二七～二八度、場合によっては三〇度を超えるところもあった。

逆に、静岡県富士宮市にある富士山の溶岩帯の中から湧き出す地下水の温度は一二～一三度と、かなり低かった。また、富山県の黒部川下流の地下水の温度も一二～一四度と低かった。この地下水は、日本アルプス山頂近くの冷たい雪解け水が多く流れ込む黒部川の水が、地下に浸透したものであるためらしい。

八ヶ岳や箱根、富士山の地下水の温度と標高の関係をくわしく調べた研究からは、地下に特別な熱源がないかぎり、地下水の温度は気温と同じように、標高が高くなるにつれて低くなることがわかった。高度逓減《ていげん》率と呼ばれるこの値は、気温も地下水温もほぼ等しく、一〇〇メートル当たり〇・六～〇・七度ほど低くなっていた。どうやら高山で口にする地下水、湧き水が冷たくおいしいものであるのは間違いないようだ。

湧水をペットボトルに入れて家まで持ち帰り、冷やして飲んでみたいと思うこともあるが、実は、これはあまりお勧めしない。山の湧水の中には、水道水と違って消毒・殺菌のための残留塩素が含まれていないので、条件によっては細菌などが繁殖する危険がある。やはり、山の湧水はこんこんと湧き出しているその場で飲むに限るのだ。

ここまでみてきたように、地下水の温度の話題は非常に興味深い。しかし、深い井戸の底の水温まで測定するとなると専用の計測機器が必要となり、なかなか難しいうえに、場所によっても状況は大きく異なってくる。人間の生活や産業に関わりが深い温泉については、温度の研究を目にする機会も多いが、通常の地下水の温度の研究はなかなか進んでいないのが現状である。

前出の新井さんは著書『地域分析のための熱・水収支水文学』のなかで「地表面は大気から地中までの間で、最も温度変化が大きいところである。真夏の日中、蒸発が発生しないコンクリート面や砂地では、表面温度は七〇度を超える。冬には土壌面が最初に凍結する。地表面と地中の温度は地球の環境を知る上で重要な要素であるが、現在ではこの情報は不十分である。土壌水分の情報はさらに不十分である」と指摘している。土壌の水分や温度に関する研究にもまだ多くの課題が残っているようだ。

コラム

# 大鑽井盆地

地下に大量の地下水をたたえる地域として知られるのが、オーストラリア中部にある「大鑽井《だいさんせい》盆地」という場所だ。鑽井というのは井戸の一種、本章で紹介した「掘り抜き井戸」と呼ばれるもので、難透水層を掘り抜いて、その下にある地下水を含んだ透水層にまで達する井戸のこと。

少々ややこしいが、「鑽井盆地」という言葉は固有名詞ではない。盆地から山の斜面に続く、二つの難透水層に透水層がはさまれた構造になっている場所を指す。このような地下構造があると、山地に降った雨が被圧地下水となって透水層の中を流れて、盆地の地下に溜まる。ここに掘り抜き井戸を掘ると、圧力の高い地下水が自噴してくる。鑽井盆地とは、このような地下構造が理由で多数の掘り抜き井戸が掘られている盆地を指す。

オーストラリアの「大鑽井盆地」は固有名詞で、広さ一七六万平方キロメートルという世界最大の鑽井盆地である。面積はなんと日本の四・六倍、オーストラリアの二〇%以上を占める。ここに存在する地下水の量は推定六万四九〇〇立方キロメートル。これは琵琶湖二三〇〇杯分という膨大な量で、ここには多数の井戸が掘られ大量の地下水が採取されている。ところが、ここの地下水は塩分濃度が高く、農業には適さない。ヒツジやウシの飲み水などとして放牧業に使われるのだが、井戸から自噴する多くの水が無駄になり、なかには圧力が低くなって枯渇してしまった井戸も少なくない。周辺ではくみ上げすぎた地下水が原因となって、土壌の塩害も深刻化している。そのためオーストラリア政府は毎年、何千万ドルもの資金を投じて、土壌改良や過剰くみ上げ対策などを進めている。

第5章

# 地下水を掘る、探る

## 旧約聖書の「地下水伝説」

地下水は人間にとって非常に重要なものだが、なんといっても川や湖の水と違って、人間の目には触れにくい場所にある。人間は古来、この目に見えない地下水を探し、掘り当て、利用するためにさまざまな苦労を続けてきた。その典型的な例が、井戸の技術である。

二〇〇九年三月、東京大学総合研究博物館の西秋良宏教授（先史考古学）らのグループが、シリア北東部の新石器時代の遺跡から、約九〇〇〇年前に使われていた井戸の遺構を発見し、大きな注目を集めた。一万年近くも前の井戸の発掘例は世界でごくわずかで、飲用に適したきれいな水を得ようとした井戸では、これまでに確認されている約八〇〇〇年前の古代パレスチナ地方のものを上回る世界最古の井戸だという。この井戸は直径が約二・五メートル、深さ約四メートルで、底部には儀礼に使われたと推察される直径一〇～二〇センチの円形の石器が何個も置かれていた。

注目されるのは、遺構のすぐ近くにユーフラテス川の支流があることだ。単に水を得るだけなら川からくんでくればよいのだから、この井戸は、よりきれいな水を求めて掘られたものと考えられるのである。当時の河川の水の状況はよくわからないが、当時の人々も、地下水がきれいで飲用に適したものであることを知っていたのだと思うと、興味深いものがある。

日本地下水学会の元会長で千葉大学名誉教授の新藤静夫さんは、豊富な海外経験のなかで得た水にまつわるさまざまな知識や話題を、インターネット上で紹介している。その一つ「聖書の中の水」という文章の中で、新藤さんは『旧約聖書』の「出エジプト記」などにみられる地下水の記述を分析している。

それは預言者モーゼがエジプトで迫害されていた多数のイスラエルの民を率い、シナイ半島に広がる不毛の地を越えて、「〝神との約束の地〟、カナン」をめざし脱出したときの記録で、紀元前一三世紀ごろのことだとされている。

シリアで発見された世界最古の井戸

エジプトを出てシナイ半島に向かった人々を悩ませたのは、飲み水の不足だった。新藤さんによると、この地域の年間降水量は五〇ミリにも満たず、河川はほとんど枯渇し、地下の浅いところに地下水はあっても多くの人にいきわたるような大量の水を得るのは難しい。地下二〇〇〜七〇〇メートルの不透水層の下には被圧地下水があって、いまでは八七五メートルの深井戸が掘られているが、「モーゼの時代では手が届かない世界である」。ところが、スエズ湾や北の地中海に面した場所には比較的豊かな地下水が存在し、浅い井戸による取水が可能で、ところによってはオアシスも発達している。

聖書によれば、出エジプトの三日後にやっと見つけたものが現在「モーゼの泉」と呼ばれる湧水だったが、この水は苦くて飲むことができなかった。実際、この周辺のオアシスの水の成分を測ってみると、苦味の原因になる硫酸マグネシウム（$MgSO_4$）が多く含まれていたという。第2章で述べたようにこれは下剤の成分なので、飲んでおなかをこわした人もいたかもしれない。

しかし、ここから内陸に入った場所に、聖書に「神がモーゼをして岩を叩かせ、水を湧き出させた」とある「フェイランのオアシス」というものがあるそうだ。地元の専門家によると、この場所は地下水位が比較的高いうえに割れ目の多い岩石があるため、多くの割れ目水が存在する。実は古代の人々はこの水の存在を知っていて、岩をうがって水を得る技術は当時すでにあり、今日も南部シナイ半島の人々に継承されている。つまり岩から水が出てくるのは珍しいことではなかったのだが、「水源を河川や運河から得ていたイスラエルの民にはこのことは神の仕業としか映らなかったのかもしれない」と新藤さんは書いている。

旧約聖書には「井戸の水よ、湧き上がれ、人々よ、井戸に向かってうたえ」との一節がある。その後、イスラエルの諸部族は、シナイ半島東部の比較的湿潤な高地に根拠地を定め、井戸の掘

弘法大師の伝説が残る三つ井戸（埼玉県）

削技術を身につけたこともあって、水の悩みから解放されたという。

ところで、日本にもモーゼのように、杖で地面を叩いて地下水をあふれさせた、との伝説を持つ人がいるのをご存じだろうか。

日本国内のあちこちを旅しては、井戸を掘るべき場所を教えるなどして、地下水資源の有効利用に貢献したその人物とは、平安時代初期の高僧、弘法大師空海である。

弘法大師が掘削を指示したと伝えられる井戸は、水不足に悩まされることが多かった瀬戸内海地方などを中心に多数残っていて、なんと全国で一三〇〇ヵ所以上もある。埼玉県には、遠くまで大師のために水をくみに行ってくれた女性に報いるために、大師が掘削場所を教えたという「三つ井戸」というものがある（写真）し、新潟県柏崎市には、塩が買えない貧しい女性を助けようと、大師が杖で地面を叩いて塩水を出したと伝えられる「弘法大師の塩水井戸」というものもある。ほかにも「弘法の井戸」と呼ばれる井戸や泉は各地に存在する。

モーゼや弘法大師の伝説は、地下水をいかにうまく利用するかが、古くから人々の暮らしにとっていかに重要なものであったかを示すものといえる。

## 井戸の起源

青森県六ケ所村には、日本で一番掘削深度が深いといわれる温泉がある。その深さは二七一四メートルに達し、さすがにこれだけ深いと源泉の温度は九〇度を超えるという。

いまや井戸の掘削技術はここまで来たというわけだが、昔はわずか数メートルの深さの井戸を掘ることも容易ではなかった。「井」とは、元来、人間が掘った「井戸」のことではなく、自然に水が湧く場所、水が得られる場所、のことを指したという。人間が最初に利用した地下水は、自噴する湧水や泉であったはずだ。

古さでは旧約聖書のモーゼの時代に及ぶべくもないが、日本でも古事記や日本書紀に水が湧く「井」の記述がある。これが知る人ぞ知る「天の真名井《あめまない》」で、高天原《たかまがはら》の「神聖な井戸」を意味し、水につけられる最高位の敬称とされる。全国には数ヵ所の地でこの名前がつけられているが、その一つは鳥取県米子市にある泉（写真）で、環境庁（当時）が一九八五年に選定した「名

鳥取県米子市の「天の真名井」

水百選」にも選ばれている。湧出量は一日に二五〇〇トンと豊かで、水温は一四度前後と年中一定であることが知られている。

イスラエルの民と同様、古代の日本人にとっても泉は非常に重要な施設であった。集落や人口集中地は、泉の周囲に発達したものと考えられている。多くの湧水が神社の中にあり、「水神様」などを祀る風習があるのも、このためだ。だが、人口が増加して水を使う量が増えてくると、自然に湧き出す泉だけでは足りなくなってくる。「もっと水がないものか」と泉の周りや近くを掘ってみたのが、井戸の始まりではないだろうか。

日本の井戸の歴史は、一九八二年に出版された堀越正雄さんの著書『井戸と水道の話』にくわしい。井戸の起こりについては、古代の人は「大体この辺を掘ったなら水が湧くだろうと推定して、山の崖際のような処を三、四尺掘ってみて、そこから湧き出る清水を飲料水にあてるようなこともしただろうし、清浄な水を使いやすくするために、湧出口の下にさらに池を掘って水を溜められるような構造にしたり、やがては、簡単な樋をあてて、その水を一カ所に呼び集めて住居の近くまで導き溜めておけるような工夫もするようになってきただろう」と記述されている。

同書によれば『常陸国風土記』や『播磨国風土記』などには「井」を掘る話が数多く出てくる。だが「このころはまだ井といっても地下水の露頭を探し出して、湧き出る泉を掘りあてるといったもので、それをくみやすくするために、少しばかり工夫を加えて堰《せ》きとめたくらいのものと思われる」という。

## カタツムリ

人間が最初に掘った井戸の形ではないかといわれるものが「まいまいず井戸」と呼ばれるものだ。「まいまいず」とは、カタツムリのことで、われわれが「井戸」と聞いて想像するような筒形の井戸ではなく、露天掘りの鉱山のように、らせん形に道を掘って造ったすり鉢状の井戸が残っている。斜面には道があって、利用者はこの道を回りながら穴の底まで降りていき、そこで地下水をくむ。東京都の西部、羽村市には、地表の直径約一六メートル、穴の底面の直径約五メートル、深さ約四メートルの、らせん状になった道がついた井戸が見つかっている。都の指定史跡

まいまいず井戸（東京都羽村市）。左上方から中央下の井戸へらせん状に道が続いている

にもなっているこの井戸（写真）は、地元の言い伝えでは西暦八〇〇年ごろに造られたものだというが、東京都によると典拠はなく、むしろ鎌倉時代の創建と推定されるという。すり鉢の底の部分に、直径約一・二メートル、深さ約六メートルの掘り井戸がある。

この地域では砂礫層が表層近くまで広がっているために地層がもろく、深い垂直の井戸を掘ることが昔の技術では困難だったために、このような形の井戸が建造されたらしい。この周辺には同様の井戸が多く掘られていたとみられている。府中市にある郷土の森博物館に、同市内で発掘された平安時代の「まいまいず井戸」が移設、復元されているほか、埼玉県狭山市にも「七曲井《ななまがりのい》」という「まいまいず井戸」が残っている。いずれも昔の人が、どうすれば深くまで地面を掘り、地下水を利用できるかと知恵を絞った跡なのであろう。

## 垂直型の井戸の登場

とはいえ現在のような垂直に穴を掘るタイプの井戸も、かなり古くから掘られていた。初めは浅い井戸だったが、徐々に深くなり、斜面の崩壊防止のために板で囲ったり、石を積み上げたりするようになったと思われる。堀越さんの前掲書によると、この種の小口径の垂直型井戸は弥生時代の遺構から見つかっている。同書には「弥生前期に属する奈良県の唐古遺跡からは、巨木の丸太をくりぬきこれを垂直に打って井戸側としたものや、円形に丸太を打ち込んだ杭の間に、ヨシやアシなどを編んで井戸の壁を作ったものなどが発見された。また、同じ弥生時代に作られた静岡県の登呂遺跡からは、円形井戸と矩形井戸が発見されて注目を浴びた。円形、矩形ともいずれも杉の割板をタテに組合わせて作られていた」とある。

やがて井戸内の壁は石組みなどがさらにしっかりしたものになり、人が落ちたり、雨水や汚水が流れ込んだりしないように井戸の周囲の構造物、井桁《いげた》も造られるようになっていった。釣瓶《つるべ》のような揚水機構も開発され、井戸は現在の形に似たようなものになっていったという。奈良時代から平安時代にかけて発達した都市では多数の井戸が掘られ、寺院や貴族などの邸宅だけでなく、町中にも多く掘られるようになっていった。

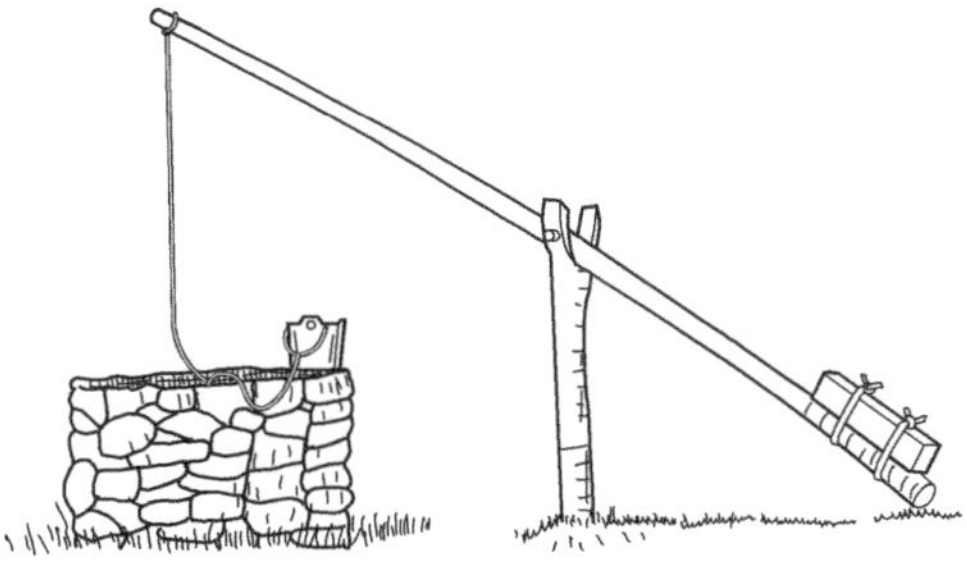

図5-1　はね釣瓶（『井戸と水道の話』より）

## 「掘り抜き井戸」の登場と「上総掘り」

井戸の掘削技術や井戸の周辺の建設技術などは徐々に進歩し、地上の構造物もさまざまなものが造られるようになった。最初はひもをつけた桶を投げ込んでは水をくんでいたのだろうが、やがて滑車を利用した釣瓶井戸が考案された。桶の数も最初は一つだったが、滑車を利用するとひもの両端に一つずつ桶をつけて効率的に水がくめるようになる。欧州の田舎の写真やおとぎ話の挿絵などにも、似たような「車井戸」と呼ばれるものが多く登場する。このほか、長い丸太の一方に水をくむ桶を、反対側に石などの重しをつけ、てこの原理を応用して大量の水をくみ上げる「はね釣瓶」という装置も考案された（図5－1）。

掘削技術に関しても、狭い穴の中でうまく穴を掘れるような道具が開発された。だがしょせん、人力で穴を掘る能力には限界があり、井戸の深さはせいぜい二〇～三〇メートル程度にとどまっていた。徳川家康の墓所として有名な静岡県の日本平にある久能

勘介井戸（静岡県）

山東照宮の山頂部には、「勘介井戸」と呼ばれる深い井戸がある。一五六八年にこの地に進攻してきた武田信玄が、久能山に城を築く際に、軍師の山本勘介（通称は勘助）に命じて掘らせたと伝えられるもので、深さは一〇八尺（三三メートル）と、当時としてはかなり深いものだった（写真）。

日本人が最初に、地下の深い場所にある被圧地下水を利用した井戸の例とされるのが、江戸時代の一七二〇年ごろ、井戸掘り業者の五郎右衛門という人物が、いまの皇居前の馬場先門周辺で掘削したといわれる井戸である。どれだけ掘っても水が出ず、固い岩に突き当たって苦労していた五郎右衛門は、思案の果てに岩に竹を打ち込んで細い穴をあけていったところ、一〇〇尺（三〇メートル）ほど進んだところで突然、水が噴き出してきたという。日本で最初の自噴井の掘削であり、この技術は「掘り抜き井戸」と呼ばれた。その後、掘削器具の改良

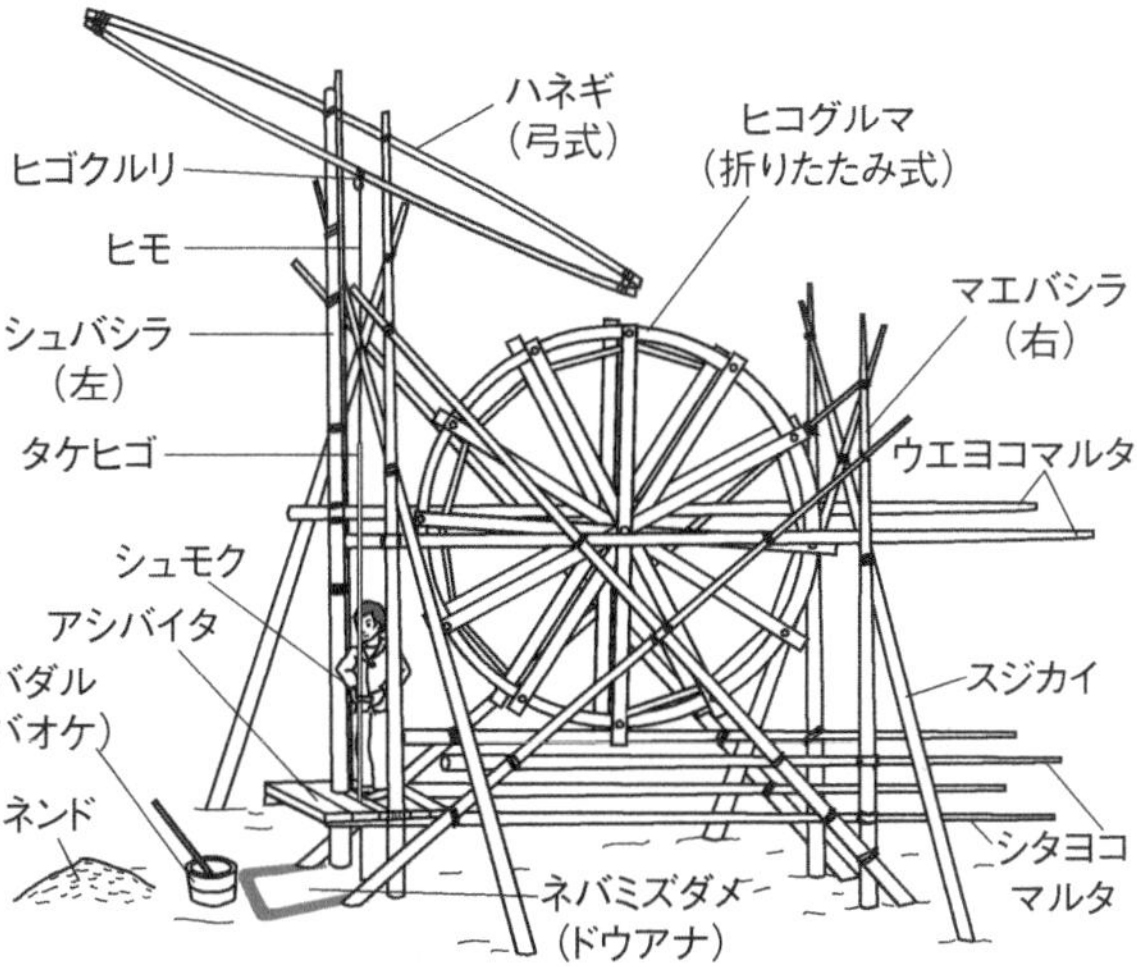


図5-2　上総掘りの掘削機（千葉県立上総博物館による）

が進み、日本各地に比較的深い掘り抜き井戸が次々と掘られるようになり、農業用水や飲料水としての地下水の利用が急速に拡大することになる。

一九世紀初めに千葉県の上総《かずさ》地方で開発された掘り抜き井戸の掘削手法が「上総掘り」と呼ばれるものだ。鉄管をつけた掘削機を引き上げては落として穴を掘るという手法から始まり、やがて丈夫な孟宗竹《もうそうちく》で作った巨大な竹ひごと、それを回す大きなひご車《ぐるま》を組み合わせた、当時としてはかなり大規模な掘削装置に発達していった（図5－2）。地層の状態がよければ五〇〇メートル近い深さまで掘削できるという上総掘りは、人力を効率的に利用した低価格な井戸掘削技術として注目され、日本各地に広がっていった。

この技術はやがて、日本の海外支援において、発展途上国での井戸掘りに盛んに使われる技術として知られるまでになった。二〇〇六年、「上総掘り」は国の重要無形民俗文化財に指定された。「日常生活を支えた伝統的な井戸の掘削技術として高く評価できるとともに、近代的な掘削に関わる機械技術導入の基盤形成に寄与して民俗技術としても貴重であり、我が国の掘削技術の変遷を考える上で重要」というのがその理由だった。

上総掘りは、道具立てと技術習得が容易で、従来の掘り抜き井戸の掘削法に代わって短期間のうちに各地に普及した。また、石油や鉱物資源などの掘削にも利用され、近代産業のなかで一定の役割を果たした、とも評価されている。現在でも千葉県袖ヶ浦市などの市民団体が「上総掘り技術伝承研究会」という団体を作って、技術の保護と継承に取り組んでいるほか、上総掘りなどの井戸掘削技術の途上国への技術移転と技術指導に取り組む民間団体もある。

## 地下水路

井戸と並んで、地下水を利用するために人間が早くから開発した技術に、湧き出した地下水などを遠くまで運ぶ水路がある。オアシスが湧き出す中東の乾燥地帯でよく耳にする「カナート」と呼ばれるものもその一つで、ペルシャ語の「掘る」という言葉がその名の語源らしい。アフガニスタンや中国のシルクロード地域では「カレーズ」、中国は「カルジン（坎児井）」という。北

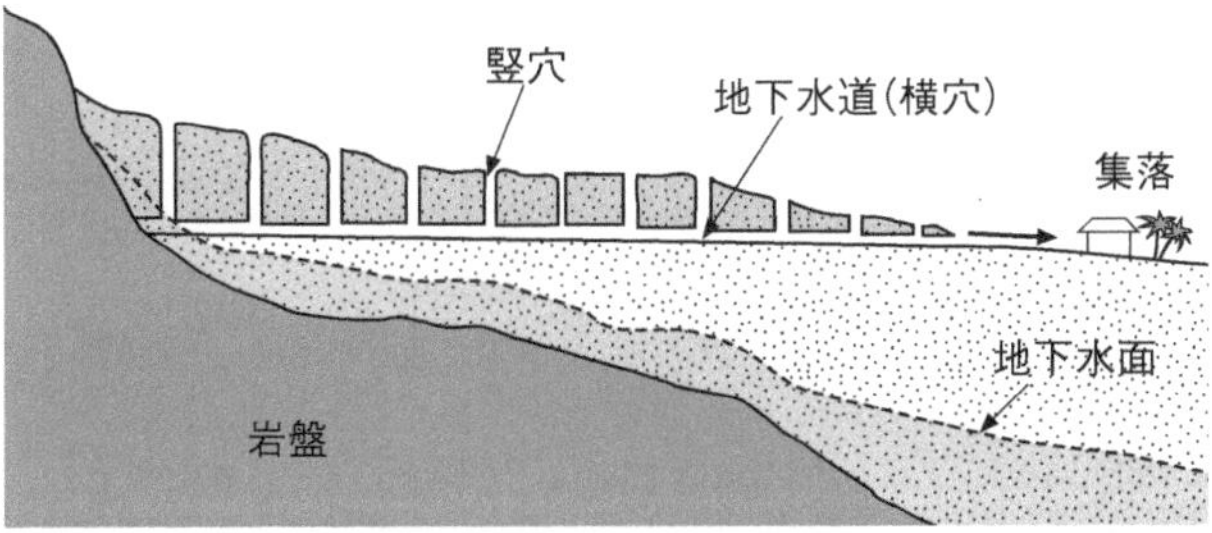

図5-3　カナートの概念図

アフリカには「フォガラ」、オマーンにも「ファラジ」と呼ばれる、似たような水路がある。

カナートは山麓の地下水源を導いて、生活用水や農業用水などに使用するものである。下流側に水を引くためには、水源がある上流に向かって傾斜に沿って二〇〜三〇メートル間隔で竪穴を掘り、その底で横穴を掘って竪穴どうしを地下でつないで水を流すというしくみだ（図5－3）。

地下水を地上までくみ上げる必要がないうえ、蒸発によって失われる水の量を減らすことができるのがカナートの大きな利点で、竪穴の底に水が湧けば、それも使うことができる。現在のイラン周辺の砂漠地帯では二〇〇〇年以上前からカナートが造られていたという。

イラン全土にあるカナートは二万本とも三万本ともいわれ、長いものは一〇〇キロに達する。上空から見ると、モグラが掘り出したような土の塊と竪穴がどこまでも続いている（写真）。西アジアだけでなく、中国の新疆《しんきょう》ウイグル自治区から中央アジアなどシルクロード地域へ、さらにエジプト、アルジェリアを経て北アフリカ一帯にまで広がっている。

シルクロードを経て日本に伝わったものかどうかは明らかではないが、興味深いことに、このカナートにそっくりの地下水路が日本にも存在する。もともと雨が少なく、多くのため池が発達していた東海地方の西部などに見られる「マンボ」と呼

カナート（『マンボ　日本のカナート』より）

ばれるものが代表的だ。マンボは三重県、岐阜県、愛知県などに多く、各地の博物館などに保存されているものもある。同様のものが日本各地の表流水が得にくい地域で見られるが、構造はカナートとほとんど同じで「日穴」「息出し」などと呼ばれる竪穴と、それをつなぎ、中に水を流すための横穴からなる。多くは水田などの灌漑用水に使われたもので、遠くの水源と水田とをつなぐマンボが多数、掘られていたらしい（写真）。

なかでも三重県鈴鹿市には多くのマンボが存在していたことが知られており、記録が残ってい

岐阜県垂井町に残るマンボ

るもので最も古いものは一六三六年に建設されたものだとされる。短いもので五〇メートル、長いものでは四キロほどにもなり、大正、昭和初期まで造られていた。

マンボが海外から伝わったものなのか、そもそもマンボという名の語源は何なのか、などの研究に取り組んだ人もいたが、くわしいことはよくわかっていないようだ。これらの地下水路は「横井戸」と呼ばれることもある。

## 近代の掘削技術

第1章で紹介した蔵田さんの『日本の地下水』によると、一九一一年、機械の動力を利用した強力な掘削機がアメリカから輸入された。これにより、日本でも直径二五〜三〇センチの鉄管を二〇〇〜三〇〇メートルの深さまで掘り入れることができるようになった。数年後には日本初の井戸掘削企業が設立され、大規模な地下水の商業的利用が拡大してゆく。

商業的に掘削された最初の井戸は、一九一三年に現在の東京都新宿区に掘られた深さ約一七〇メートルのものだとされる。以降、各地に深井戸が掘られて一日に一〇〇〇から二〇〇〇立方メートルという大量の地下水がポンプを使ってくみ上げられるようになり、病院や大学などさまざまな施設での地下水の大量利用に道が開かれる。その後、上水道だけでなく、ビール工場や発電所などでも地下水が使われるようになった。

導入された近代的で大規模な井戸の掘削装置には主に、「ロータリー式」と呼ばれるものと「パーカッション式」と呼ばれるものの二種類があり、これは基本的にいまも変わっていない。

ロータリー式とは、特殊な超合金、ときにはダイヤモンドなどを先端につけた金属製の刃を高速で回転させながら地面を掘り進む工法だ。錐で板に穴を開けるようなイメージだ。固い岩盤を掘るときに使われることが多く、二〇〇〇メートルを超える深い井戸の掘削も可能だが、工事の際の騒音や振動は比較的少ないのが特徴だという。この工法は油田などを掘削する際にも使われ、粘土層や岩盤なども掘削できる。ただしやぐらなどの周辺工事が大規模になるうえ、泥水を使って地盤の削りくずを循環、回収する装置が必要になることもあるのが難点だ。

パーカッション式とは、ビットと呼ばれる固い金属の重り（一トンから場合によっては三トン近く）などをウィンチやロープで吊り上げては落とす作業を繰り返しながら、地盤を砕いて穴を掘っていく工法である。五〇メートルから二〇〇メートル程度の浅いものから中深度の井戸掘りに最適で、固い岩盤などの掘削は難しいが、砂礫層の掘削には適している。重りの上下は、昔は何人もの人が力を合わせてやっていたこともあったが、機械で上下できるようになってから効率が飛躍的に向上した。井戸の口径も大きくできるのが利点で、コストも安い。やぐらを組んで重りを上下動させるタイプや、原油のくみ上げのように、横に渡したビームと呼ばれる棒の一端に重りをつけ、モーターでビームを動かすことで重りを上下させる「ビーム式」と呼ばれるタイプもある。この工法の難点は、作業時の騒音や振動が非常に大きいことだ。

最近ではこのほかに、「エアーハンマー式」という工法も開発されている。エアーハンマーとは圧搾空気を使ったハンマーのことで、空気圧によって往復運動する巨大なピストンを地面に打ちつけながら井戸を掘っていく工法だ。空気を圧縮するコンプレッサーの能力にもよるが、パーカッション式と同様に比較的浅い井戸から中深度の井戸の掘削に適している。泥水を使用せず、掘削しながら擁壁を設置してゆく工法なので、完成が早く、工期は最も短い。砂礫層から岩盤まで、適応性は比較的高い。振動や騒音はロータリー式より大きいが、パーカッション式よりは小さいという。最近ではトラックで移動ができる装置も開発され、現場での準備期間も短くなった。

井戸を掘る工法は基本的にはこの三つで、深さや周囲の状況、地盤の種類などに応じて使い分けられている。

これに最近では、ロータリー式とパーカッション式を合わせて、両者のいいところを同時に実現しようとした「ロータリーパーカッション式」とか、「ロータリーエアーハンマー式」といわれる工法も登場している。両者ともに文字通り大型のモーターやコンプレッサーを取りつけた掘削機械でビットを回転させながら、エアーハンマーでも圧力を加えて、効率よく地面を掘り進もうという手法だ。かなり大がかりになるが、工期は短くてすむ。ただし騒音や振動が大きくなったり、ほこりが多く出ることもあるので、その対策が必要になる。

これらは企業などが非常に大規模な井戸を掘るために開発された技術だが、これとは別に、少し前までは人力による井戸掘りも行われていた。なかには一〇〇〇本以上の井戸を掘った井戸掘り名人も少なくなかった。人力による井戸掘りは、初めに一メートル四方、深さ七〇センチくらいの穴を掘り、その後に円筒形に地面を掘っていく。穴の上にはやぐらを立てて、掘り出した土は滑車を使って運び出す。穴の底に入って掘る「掘り手」と、監視役の「手元」、綱の先につけたバケツのような容器を上げ下げして土を運び出す「綱子」という三人の共同作業で行うのが普通だったという。手元は掘り手がどれだけの土を掘ったか、どれだけの土をバケツに入れたかなどを見ながら、綱子にバケツを上げ下げするタイミングや速度を指示する役割を担う。効率よく井戸を掘るには、三人の気持ちが揃っていなければならない。狭い穴の中で土を掘るためには柄を短くしたものや、先端を直角に曲げたものなど、特殊なスコップが使われた。わずかな空間での作業は、土の壁が崩れて生き埋めになったり、地下のガスが噴出して酸欠になったりということもある命懸けの仕事だった。

だが最近では、井戸掘りはすっかり機械化され、特殊な技術や装置を持った企業が行う専門的な作業となり、このような井戸掘り職人はほとんど姿を消してしまった。

掘削技術の進歩に加え、このあと紹介するような地下探査の技術も進歩したために、いままでは人手に頼っていた時代からは想像もできない深さ一キロ以上もの深井戸が掘られるようになり、地下深い場所で高温になった地下水を求めて温泉開発などが広く行われるようになった。井戸掘り職人に代わって、井戸掘削の専門技術を身につけた技術者を認証する「さく井技能士」という制度も始まった。国家資格としての技能検定制度の一種で、ロータリー式、パーカッション式、それぞれについて試験を受けて合格すると「さく井技能士」を名乗ることが認められる。現在、約三〇〇〇人の技能士がいて、温泉や油田、天然ガス、地下水などを求める人々のために各地で井戸を掘っている。

## 地下水の探し方

井戸を掘るときには、地下水の探し方が重要になるのはいうまでもない。弘法大師やモーゼではないわれわれは、どこに地下水があるのかを前もって正確に調べたうえで、井戸を掘る作業に取りかからなければならない。

もちろん、地下水の場所や量を地上から知ることは困難で、かつてはL字形の金属棒などを両手に持って歩き回り、金属棒の動きによって地下水脈を探す「ダウジング」という手法や、ときには占いの杖などを頼りに井戸を掘る場所を決めていたこともあったようだ。実際には、井戸を掘り進めながら、地下水の場所や量、水質などを調べてもいるのだが、コストや周辺への影響を最小限にとどめるためにも、事前の地下水調査は不可欠だ。それではいったい、技術者はどうやって地下水がある場所を探すのだろうか。

地下水探しは大きく分けて、文献調査、現場の概要を調べる現地踏査、物理探査やボーリング調査などの現地調査、試掘の順に行われる。

文献調査において、とくに重要なのは地質図や地形図だ。火山の山麓や扇状地、河川の周囲などは地下水が豊富で地下水位が高いことが知られている。経験を積んだ人ならば、地質図や地形図を見ながら、過去に井戸を掘削したときの資料、周辺にある湧水や温泉の分布などを総合して、地下の帯水層や不透水層の状況を評価し、地下水開発の候補地を絞り込むことができる。

候補地が決まると、次に行われるのは現地踏査である。実際に歩き回って地層が露出している場所で、帯水層となりそうな砂礫層の厚さや深さを調べたり、実際に地下水が流れ出したり、染み出したりしているところがないかを調べて回る。

文献調査や現地踏査で重要なものの一つは断層の調査だ。断層は地下にかかる力によって岩石や岩盤が割れて、ずれた場所のことだが、その中には「破砕帯」と呼ばれる、岩石が砕けてぼろぼろになった場所がある。破砕帯の中には岩石の間隙が多数生まれ、この割れ目の中に大量の地下水が含まれていることが多い。また、破砕帯をはさんで地下水の流れが大きく変わる場所も珍しくない。破砕帯がどのように伸びているかを調べることは、地下水の開発にはもちろん、トンネル工事や地下構造物の工事などの際に大量の地下水漏出によって工事が妨げられないようにするためにも重要である。

## 電流による探査

地下水が流れる地層の分布や、井戸を掘る場所を決める際に威力を発揮するのが、物理探査という技術だ。これにはさまざまな手法があるが、最もポピュラーな手法は、砂、礫、粘土など地層の種類によって電気の通しやすさが異なることを利用して、地下に人工的に電流を流したときの電気抵抗の違いから地下水の存在や動き、広がりなどを調べる電気探査という手法だ。といっても、地下の電気抵抗は温度などによっても変わるので、口で言うほど簡単ではない。

電流による探査方法は、地面に複数の電極を水平に並べて垂直方向の地下構造を調べる垂直探査法と、地面の上に多数の電極を並べて地下に電流を流し、測定点や組み合わせを変えることで、レントゲン写真のように地下の状況を断面的に調べる水平探査の二種類が基本だ。さらに、トレーサーとして地下の割れ目に塩水などを流しながら測定をすることもあるし、「自然電位」という地盤にふだんから流れている微弱な電流の測定を加えて精度を向上させることもある。

水平探査は比較的低コストで高密度の探査が可能で、地下の状況を二次元的に画像化することが可能なので、広く利用されている。これに対して垂直探査は、地下の深い場所まで測定ができるのが利点で、二つの方法を推定される地下水や地盤の状況や斜面の傾きなどによって使い分けている。最近では大量のデータを処理するコンピュータの発達で、地下の帯水層の状況を三次元的に表現するシミュレーション技術も開発された。また、垂直方向の測定と水平方向の測定結果を組み合わせて地下の状況を表現する比抵抗トモグラフィーという技術も生まれ、目に見えない地下の地質構造が、手にとるようにコンピュータ上に再現できるようになってきた。

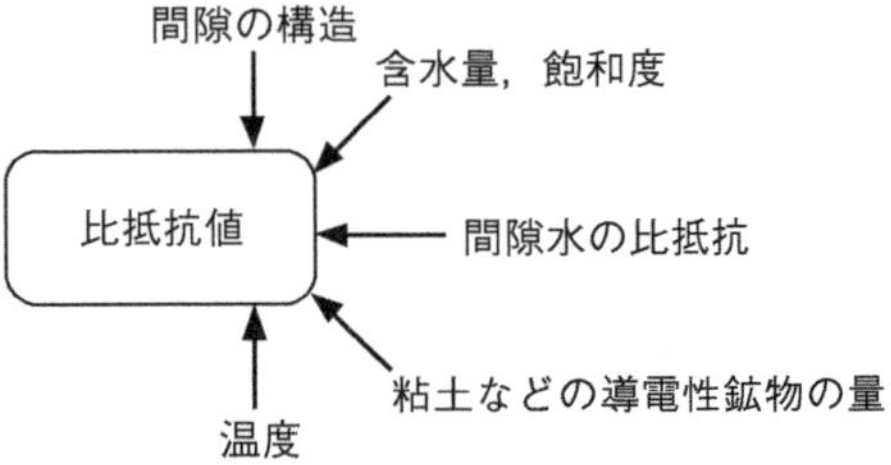

図5-4　比抵抗値に影響を与える要素

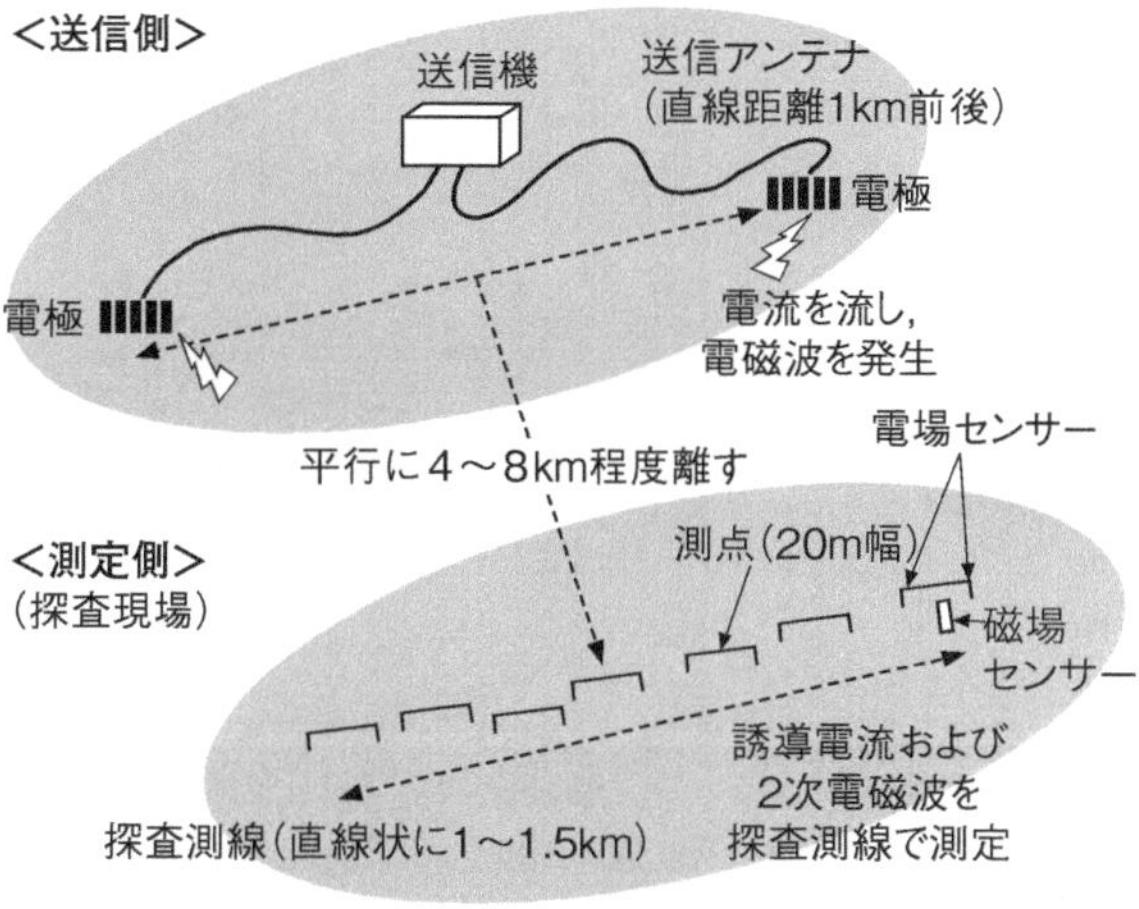


図5-5　CSAMT法（ドリコのホームページより）

## 電磁波による探査

もう一つ、地下水の探索に有効なのが、電磁波を利用した手法、電磁波探査だ。ここでは電磁波探査のうち、英語の頭文字を取ってＣＳＡＭＴ法と呼ばれる方法を紹介する。人為的に発生させた電磁波を少し離れたところで受信して、その波長の変化などから地下の様子を調べる手法である。

電磁波は波長が長いほど地下深くまで達するので、波長が非常に長いさまざまな種類の電磁波を発生させる装置を使う（図５－５）。まず、一キロほど離して二つの電極を置き、この間に電流を流して電磁波を発生させる。受信側は、発生装置から四〜八キロ先に平行に置いた直線上に受信装置を置いて、電磁波によって誘

電磁波を利用した探査

起された電流や二次的に発生した電磁波を観測し、電場や磁場の強度から地下の様子を探る、というのがこの手法の原理だ。

　波長によって電磁波が届く深さが違うので、さまざまな周波数の電磁波を数分間隔で発生させると、いろいろな深さの計測ができる。受信側で観測される電場や磁場の強度は、地下の電気の流れやすさ、つまり抵抗の大小によって変わるので、この変化を解析すると地下の水分の分布が二次元的にわかるしくみで、この点は電気探査とあまり変わらない。ただ、電気探査では、場合によっては地上に何キロにもわたって電線を張らなければならないのに対し、電磁波探査の場合は、数十メートルの距離が確保できれば観測できるという大きなメリットがある。場所を少しずつ変えながら観測を続けてゆくと、まさにＣＴスキャンのように、立体的な状況が把握できるようになる。

　携帯電話の電波や高圧電線の周囲など、実はこの世にはさまざまな波長の電磁波があふれている。自然界に存在する電磁波を使った地下水の探査法は以前からあったのだが、人為的な電磁波が強い場所だと、ノイズが多くなって観測の精度が落ちるようになってきた。そこで考えられたのが人為的に電磁波を発生させるこの手法で、近年、各地で広く使われるようになっている。

このほかの探査方法としては、地殻の割れ目から地上に漏れ出てくる自然放射能をカウンターで観測することで、地下の割れ目の大きさや形を推定する放射能探査という手法や、地下にある岩石の種類によって生じる微妙な重力の違いを計測する手法もある。

実際には地表や地下のさまざまな条件の違いによって、多くの観測方法を組み合わせて地下の構造を調べ、最終的な仕上げとしてボーリング調査という実際に穴を掘る手法で地下水の分布や帯水層の状況を確認するというのが一般的だ。

## 空からの探査

これまで述べてきた地下水の探査法は、いずれも現場の地面の上から行うものだった。しかし、広い範囲の探査を行うときは、時間も手間もかかるし、場合によっては急な斜面だったり、森の中だったりと、アクセスが確保できない場所もある。そこで提案されたのが、ヘリコプターを使った空中電磁波探査だ（図5－6）。

ヘリコプターから電磁波の送信機と受信機を一つにした電磁センサーをつり下げながら、人工的に発生させた電磁波を地上に向けて発射し、電磁波が地下を通り抜ける際に発生する電場や磁

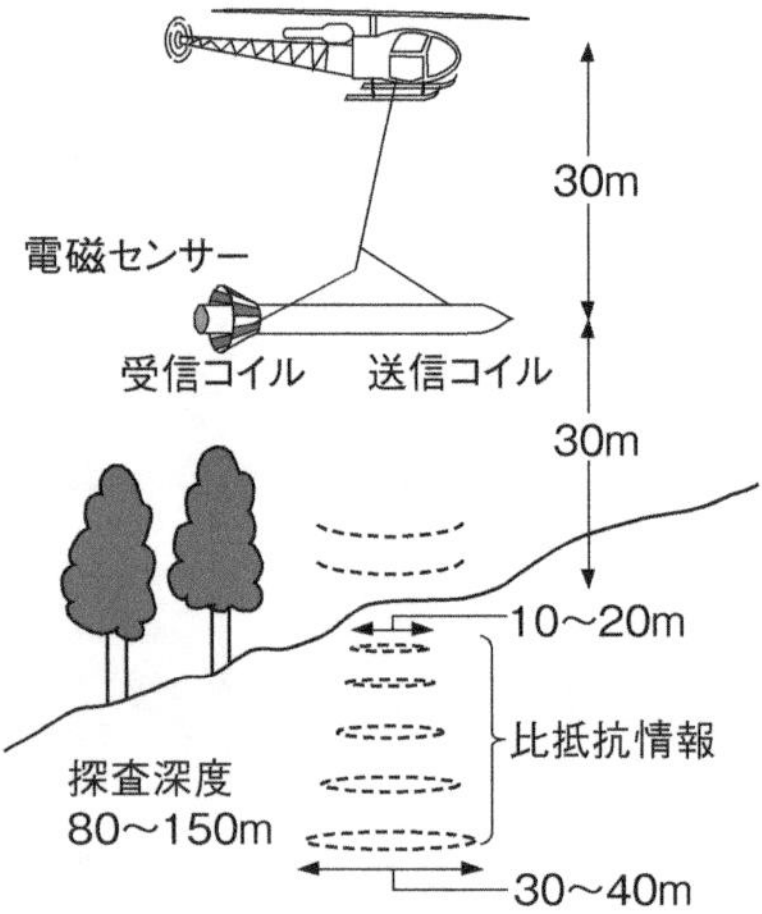


図5-6　空中電磁波探査の概念図（川合重光氏の図をもとに作成）

場を計測して、地下の抵抗を計測するというものだ。原理は地上での電磁波探査と同じで、この場合も複数の波長を使い、地下一五〇メートルくらいまでの地層の状況などを三次元的に把握することができる。

短時間で広い範囲の探査ができるので観測コストが比較的安くすむため、近年注目を集めている技術である。

コラム

# シロアリと地下水

日本では家屋の大敵・シロアリは、アフリカや南米ではサバンナに巨大な家を築いて生活している。一対の王と女王を中心に、何万匹もが子育てや労働、戦闘といった役割分担をしながら暮らしているシロアリは、地上の動物で人間の次に繁栄しているともいわれている。これはシロアリが堅い樹木などのセルロース分を消化してエネルギーに変える微生物を体内に持っているからで、自然界では枯れ木や落ち葉などの分解に大きな役割を担っている。サバンナのシロアリの多くは、土を唾液で固めて巨大な巣を作る。これがアリ塚で、なかには高さ五メートルを超すものもある。

さて、巣の中でキノコを栽培している種までいるほど賢いことが知られている彼らは、実は地下水の探査と利用においても、非常に進んでいることがわかってきた。シロアリたちは、巣の下にある固い岩盤をも穿《うが》って、長いトンネルを掘り、地下水が存在する場所まで道を造る。地下水が蒸散するときは気化熱が奪われるために、熱帯の太陽が照りつける炎天下でも巣の中は比較的一定の温度に保たれているという。地下水を利用した天然のエアコンのようなものである。しかも、温度が急激に低下する夜には、彼らが栽培しているキノコが発酵する際に出る熱によって室内を高温に保っているというから、驚きである。

ただしシロアリは巣自体が水につかってしまうことは嫌うので、水が溜まりやすい低地には巣を作らず、山麓部から低地に至る斜面に多く巣を作るという。アフリカのある地域には「シロアリの巣がある場所には地下水がある」との言い伝えもあるという。

# 第6章

# 過剰なくみ上げ、沈む地盤

地下水は、産業革命以来の急速な工業化に伴う人間活動の規模の拡大によって、さまざまな影響を受けてきた。国連は地下水に関する報告書の中で、地下水を脅かす要因として、過剰なくみ上げ、化学物質や廃棄物による汚染などの人間活動の影響、森林の伐採などによる涵養量の減少の三つを挙げている。この章では、地下水の過剰なくみ上げによる地盤沈下の問題を取り上げ、科学者や技術者が、それにどう対処しようとしているのかを見ていくことにする。

## 急増した地下水の利用量

地球上に存在する淡水資源は、多くが南極の氷床などの形になっていて、人間が利用することは難しいというデータはすでに紹介した。国連によると、淡水資源のうち氷床や永久凍土の中の水分の形になっていて人間が当面は利用できないものは、全体の六九・五%にもなる。残りの三〇・五%が利用可能な淡水資源なのだが、この大部分が地下水である。われわれが日常的に目にしている湖沼や河川の水は非常に多いように感じられるが、これは大きな誤解だ。地下水以外の淡水は、植物中や大気中の水分などを含めても、地球上の淡水資源のごくわずかでしかない。人間が生きてゆくうえで欠かせない淡水資源を確保するためには、地下水が非常に重要であることがわかるだろう。

だが、人口増加を背景に、人間が使う水の量はこの一〇〇年ほどの間で急激に増えている。国連の統計などによると、一九〇〇年には三五〇立方メートルだった一人当たりの水の利用量は、二〇〇〇年には六四二立方メートルに増加した。世界全体の年間の取水量は、一九五〇年の一三八二立方キロから、二〇〇〇年には三九七三立方キロと急激に増加し、二〇二五年には五二三五立方キロになると予想されている。世界の人口が爆発的に増加したことに加え、「便利な生活」の普及につれて日常生活で使う水の量が増えたことが原因だ。これはすなわち、人間が使う地下水の量もそれだけ急激に増えたということである。

河川水にしても地下水にしても、人間が使い終わったあとの水は再び地下や河川を経て海に戻り、循環するので、大きな目で見れば水資源がなくなることはない。だが、後述するようにさまざまな形で汚染が進み、利用できなくなる水も少なくない。しかも、すでに述べてきたように地下水の多くは滞留時間が非常に長く、一度使うと再び涵養されて元に戻るまでには非常に長期間を要する。地下水資源は人間のライフサイクルから見れば、石油と同じように一度限りの資源といえる場合もあるのだ。日本では比較的循環速度は速いが、国連は「多くの場所で地下水が涵養されるよりも速い速度で水がくみ上げられ、地下水の枯渇を招いている」と警告している。

## 地盤沈下のしくみと歴史

過剰な地下水の利用によって起こる最大の問題の一つが、地盤沈下である。

地盤沈下には地下にある石灰岩の溶解や断層運動などによって、自然現象として起こるものもあるが、天然ガスや地下水のくみ上げ、鉱山採掘など、人為的な原因による地盤沈下が各地で発生していて、日本では大気汚染や水質汚濁、騒音などとともに「典型七公害」の一つに数えられている。なかでも最大の問題となっているのが、地下水の過剰なくみ上げによって起こる地盤沈下である。

これは地下水の過剰なくみ上げによって、地下水を含む帯水層の上下にある粘土層が収縮することによって起こる（図6－1）。帯水層の中にある地下水が、自然に涵養される量を超えて大量に取水されると、帯水層の水圧が低下し、その上下の粘土層にある地下水が搾り出されるようにして帯水層中に流れ込む。そのため、粘土層が収縮してしまうというしくみだ。この粘土層の収縮を「圧密」とも呼ぶ。さらに大量の取水によって当然、地下水がある帯水層も収縮するので、圧密による沈下の分と帯水層の収縮分を合わせた量だけ、表面の地盤が沈下してしまうのである。

地盤の沈下は地上にまで及ぶので、激しい沈下は地上の構造物などに大きな影響を与える。地下深くに基礎を置いた構造物の場合、下にある地盤が沈下すると、その分だけ浮上したようになってしまう「抜け上がり」という現象が起こる。比較的狭い範囲で発生する「不等沈下」が起こると、地上や地下の建物が傾いたり、ガス管、水道管などが壊れたりして大きな被害が出ること

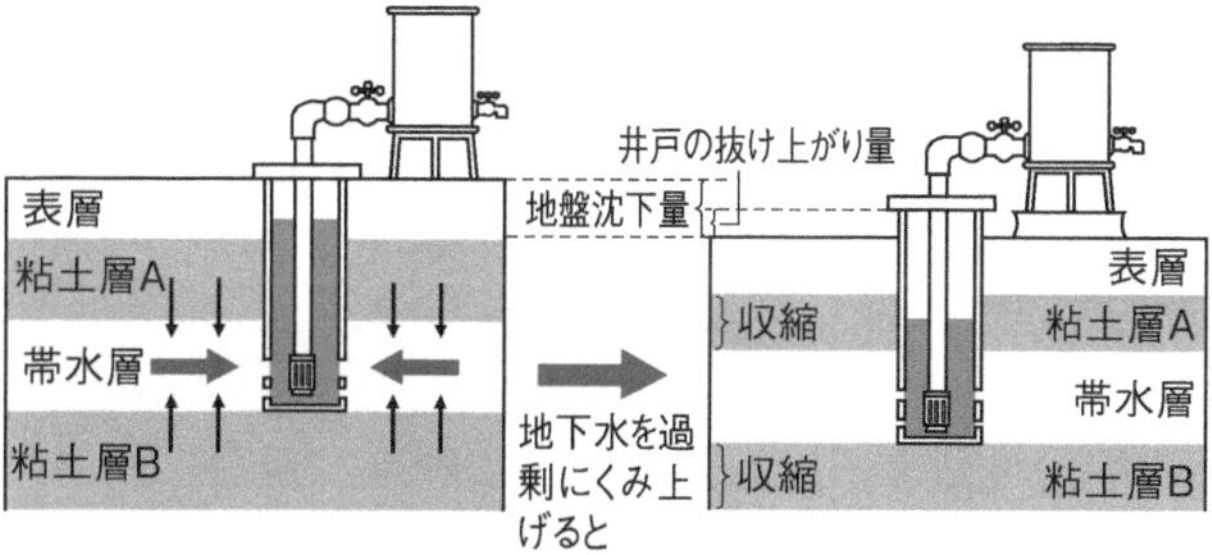


図6-1　地盤沈下のしくみと抜け上がり現象（「環境白書」より）

もある。

地盤沈下の観測には、深い帯水層までパイプを挿入し、このパイプの上下によって地盤沈下の量を自動的に記録する装置が使われる。これは「抜け上がり」の量を記録しているのと同じことである。

日本の地盤沈下の歴史は、古くは一九二〇年代にまでさかのぼる。前の章で紹介したように、深い井戸を掘る技術が進歩し、同時にポンプのパワーなども大きくなったために、地下水の涵養量を大幅に上回る量の水がくみ上げられるようになったのがこのころだった。とくに「ゼロメートル地帯」とも呼ばれる東京都江東区や大阪市の西部などでは、早い時期から地盤沈下が顕著になっていた。

地盤沈下の影響が最初に懸念されたのは、一九二三年の関東大震災の前後である。このころから東京の江東区で高潮や浸水の被害が目立ち始めたことから正確な水準測量が行われたところ、この地域の地盤が著しく沈下していることが判明した。地盤沈下はさらに、周辺のかなり広い地域で発生していることもわかった。時期が時期だっただけに大地震や地殻変動との関連が疑われたが、地盤沈下発生の原因は諸説が出たものの、当時はくわしいことはわからずじまいだった。

地盤沈下による井戸の抜け上がり　目盛りのある位置から下が抜け上がった（東京都江東区）

地下水位の低下による「圧密」が原因であるという説が提案され、地下水の取水量や地下水位の変化と、地盤の変動との間に密接な関係があることが初めて示されたのは、一九四〇年のことだった。

地盤沈下が日本各地で問題になってきたのは、戦後の復興期から高度経済成長期にかけてのことだった。日本の地盤沈下被害の歴史について環境省は「昭和二五年ごろから経済の復興とともに地下水の採取量が急増するにつれて再び沈下は激しくなり、沈下地域も拡大してきた。昭和三〇年以降には、地盤沈下は東京や大阪などの大都市ばかりでなく、新潟平野、濃尾平野、筑後・

佐賀平野をはじめとして全国各地において認められるようになった。昭和四〇年代には、各地で年間二〇センチを超える沈下が認められ、著しい被害が発生するに至った」と説明している。大都市では主に工業用水として地下水を大量に使用したことが原因だが、新潟県などでは先に紹介した消雪用として大量の地下水がくみ上げられたことが大きな原因の一つになっていた。

## 沈下地域は広がる一方

帯水層には雨水などが涵養されるので、過剰なくみ上げをやめれば地下水位の低下に歯止めをかけることはできる。帯水層の収縮も、地下水の涵養速度が速ければ回復することがある。だが、いったん地下水を搾り出して収縮してしまった粘土層は、再び元に戻すことはできず、圧密沈下はほぼ永久的に残る。つまり、地下水の過剰採取によって発生した地盤沈下は不可逆的な現象で、一度起きてしまったら二度と回復させることができない、やっかいな公害なのである。

環境省によると、二〇〇七年までに地盤沈下が確認された主な地域は、北海道から九州まで三七都道府県の六〇の地域に及んでいる。図6－2は、代表的な地域における、地盤沈下の経年変化の様子だ。最も早い時期から地盤沈下が問題になった関東平野南部、東京都江東区では、すでに四四九センチも地盤が沈下している。関東平野南部は日本で最も地盤沈下が深刻な場所で、これまでに沈下が確認された地域の面積は三三〇〇平方キロを超えている。これに次いで深刻なの

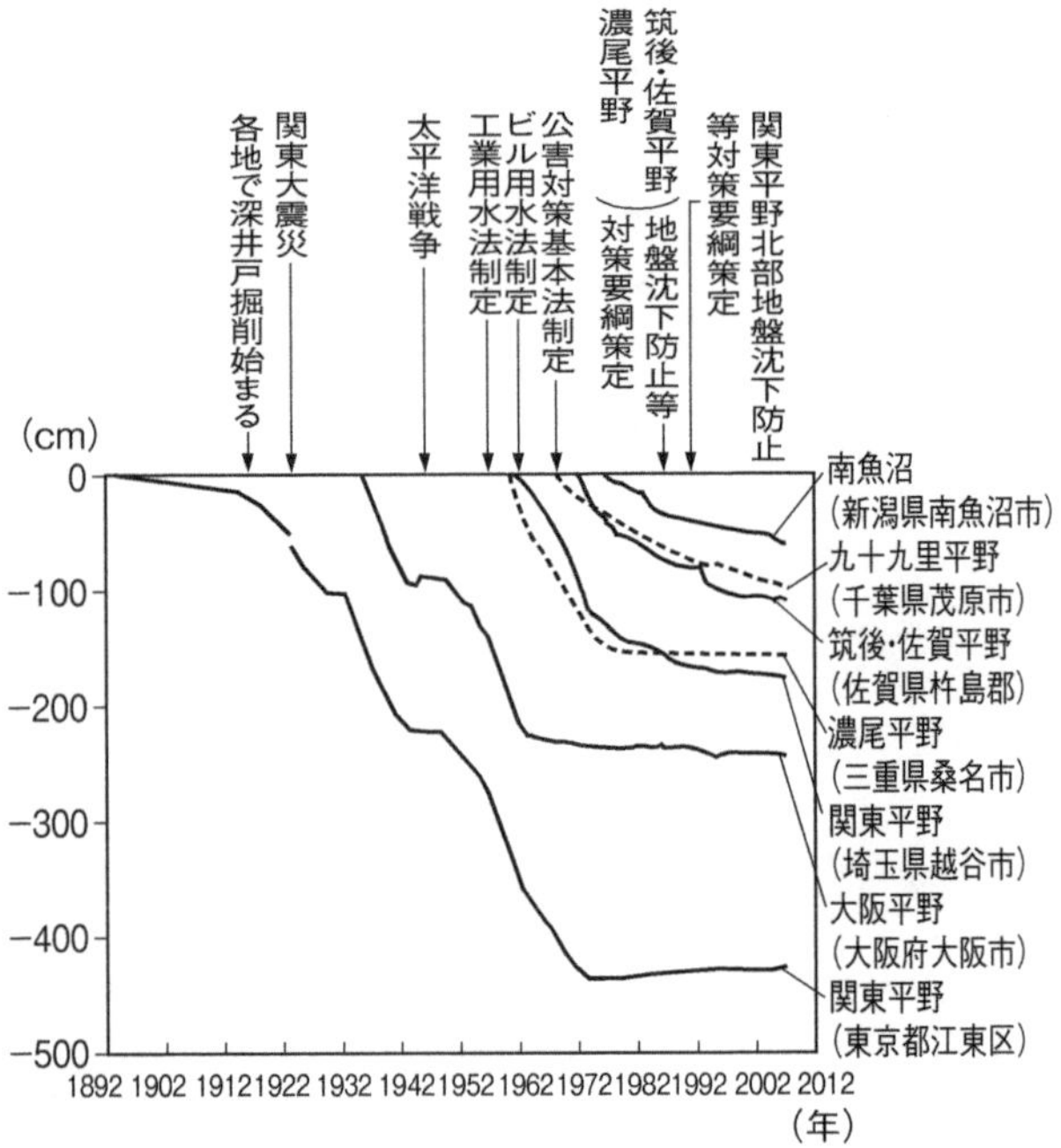


図6-2　代表的な地域の地盤沈下の経年変化（「環境白書」より）

は大阪平野で、兵庫県内など場所によっては三メートル近くも地盤が沈下している。面積としては愛知県や三重県などの濃尾平野も深刻で、すでに被害は八五五平方キロもの範囲に及んでいる。グラフからも、地盤沈下の速度を止めることはできても、いったん沈下した地盤を元に戻すことはほぼ不可能に近いことがわかる。

環境省が集計を始めた一九七八年には、一年間の沈下量が四センチ以上だった地域が全国で一三ヵ所、面積は四〇四平方キロに達していた。このころに比

| 年平均沈下量（cm） | 沈下量（cm） | 観測期間 | 地域名 | 市町村名 |
| --- | --- | --- | --- | --- |
| 3.0 | 11.9 | 4年間 | 北海道石狩平野 | 札幌市 |
| 3.7 | 7.4 | 2年間 | 兵庫県大阪平野 | 尼崎市 |

表6-3　年間2センチ以上の沈下が見られた地域（平成19年度）（「環境白書」より）

べると最近では地下水のくみ上げ規制などの地盤沈下対策が進み、年間四センチ以上の沈下が見られる場所は少なくなってきた。だが、二〇〇七年度の一年間で二センチ以上の地盤沈下が確認された地域が九ヵ所あり、その沈下面積は七二平方キロに上る。この間に最も沈下が激しかったのは佐賀県佐賀市と山形県米沢市で、ともに三センチだった。このほか、北海道札幌市では過去四年間で一一・九センチの沈下が観測され、兵庫県の尼崎市でも二年間で七・四センチの沈下が確認されるなど、まだまだ地盤沈下問題が深刻な地域は少なくない（表6－3）。とくに千葉、茨城、埼玉、神奈川各県の「関東平野」で被害が広がっている。

二〇〇七年に広い範囲で地盤沈下が観測された九十九里平野（千葉県）の地下には、水溶性の天然ガスと第3章で紹介した化石水の「鹹水」が含まれている。この地域では地下数百から二〇〇〇メートルの深さの井戸が掘られ、年間五〇〇〇万立方メートルを超える鹹水が、そこに含まれるヨウ素を利用する目的もあって採取されている。この地域の地盤沈下は、このような非常に深い場所で起こっていると考えられている。

## 地域によって異なる被害

地盤沈下のしくみは簡単だが、実際には、地層の構造や粒子のすき間の大小、地下水の量、地上の構造物の圧力など、さまざまな要素が複雑にからみあって起こるので、予測はもちろん、現場での観測もそう簡単ではない。

関東地方での地下水の採取は広い範囲にわたって行われていたが、地盤沈下が深刻化したのは一部の地域に限られていた。これは、地下の地盤の強度の違いによるところが大きい。地盤の上に分厚い堆積層が乗っているような地域、つまり長い間にわたって上から押し固められた地盤は沈下しにくく、反対に上に乗っている層が薄くて軽く、押し固められ方が少ない地盤は地下水の変動の影響を受けやすく、沈下しやすい。東京の場合、地下水位の低下はほぼ一様に起こっていたが、地盤の強度が弱かった江東区などの東部、練馬区や板橋区などの北部で地盤沈下がとくに激しかった。

地下水は行政の区画を超えた広い範囲にわたって分布している。地下水を大量採取した場所では地盤沈下が起こらなくても、離れた場所で地下水位低下の影響が現れて地盤沈下が起こる、という事態も考えられる。地下水の管理は、行政区画を越えて広域的に考えなければならない問題なのである。

## 「地下水盆」という考え方

ここで、地盤沈下に関する研究が進むなかで注目されるようになった「関東地下水盆説」という考え方を紹介したい。

これは、日本列島で最大の関東平野の地下は一つの巨大な「お盆」のようなものになっていて、そこに豊富な地下水や天然ガスなどが溜まっている、という考え方だ。大量にくみ上げられて地盤沈下の原因となった関東地方の深層地下水について、その起源と現状を研究していくなかで得られた概念であり、この考え方が、厳しい揚水規制に理論的根拠を与えたとされる。

地殻変動や浸食などによってできた地上のくぼみの中に、河川などからの土砂が堆積してできた地形を考えるときに「堆積盆」という概念が使われることがある。「地下水盆」もこれに似ていて、地下水を蓄えることができる地下のくぼみのようなものと考えればよい。地下水を通しにくい地層で周囲を囲まれた透水層中に、古くからの地下水が溜まっているというイメージで、簡単に言えば地面の下の「地下水の容れ物」だ。

科学者は「一つの大規模な帯水層、または、複数の関連し合う帯水層を含む水文地質学的な単元である」と定義している。最近ではこのお盆の中の地下水を涵養している地域や、地下水が流れ出す地域までを含めて「地下水盆」と呼び、広域的な地下水の管理や流動を研究する際に重要な概念となっている。お盆の中の地下水の年齢は、トリチウムを使った測定で古いものでは数百歳のものがあることもわかった。

それまで、地下水についての研究は、一つの井戸に着目し、その井戸からどれだけの地下水がくみ上げられるかという「直線的」なものが中心だった。これに対して、地盤沈下対策をきっかけに生まれた「地下水盆説」は、地下水を「面的」なものととらえ、広域的な流れや水の収支を考え、どうすれば持続可能な地下水の利用となるかを研究する端緒となった。

『地下水盆管理』（水収支研究グループ・柴崎達雄編）という本の著者の一人である高橋一さんは「堆積盆に関する研究を背景に、地下水盆を中心として地下水のあり方や水収支をとらえ、人為の影響によって変動する地下水の流れの実態を解明していこうとする方法が生まれてきた」と指摘する。

地下水盆の考え方は、コンピュータシミュレーション技術の進歩とつながり、目に見えない地下水の存在形態や流動を三次元的に、わかりやすい形で政策決定者らに示すという成果を導いた。地下水をどこでどれだけくみ上げたら、どこでどれだけの地盤沈下が発生するか、地盤沈下を防ぐためにはどのような規制を導入すればいいか、といった科学的な議論が可能になり、いまでは将来予測までもできるようになってきた。

一九七〇年代後半から一九八〇年代に入ると、シミュレーション技術の精度が一段と高まり、地下水対策の内容に画期的な進展がみられるようになった。その地域の地下水盆を対象に細部にわたる地下水の動きを検討し、地下水障害を起こさないような方法で、地下水を地域社会の貴重な水資源として適正に利用していくようになった。

「こういう方法が試みられるようになり、実際に成功してきています。こうして現在では、地下水の動きを地下水盆単位でとらえ、それを管理・利用していく。そういう考え方が大筋としては定着してきたように思われます」。高橋さんはこう述べている。

さらには関東平野だけでなく、地下水が豊かな京都盆地や、阿蘇山西麓の地下水盆に関する研究なども盛んに行われるようになり、また、発展途上国の水管理に対する協力でも、地下水盆のシミュレーションが活躍している。熊本市周辺の地下に、阿蘇山から流れ出す白川という河川の中流域を中心に、巨大な地下水盆が存在することがわかってきた。最新のシミュレーションによると、この地下の「プール」に流れ込む地下水の量は何と年間で七億から八億立方メートルにも達する。このうち、湧水として流出する地下水の量は年間四億四〇〇〇万立方メートルというから、これもとてつもない量の水といえる。

地盤沈下は人間の地下水に対する理解不足も一因となって引き起こされた問題だが、このように地下水盆という考え方のもとになって、地下水の科学的な研究に貢献したという側面もあることは興味深い。

地下水盆の考え方は、最終章で述べる「地下水はいったい誰のものか」という問題を考えるうえでも、重要なものとなっている。この考え方が、地下水は個人の所有物ではなく、地域の共有財産と考えるべきだという「地下水公水論」の根拠の一つになっているからだ。

## 今後も必要な対策と監視

さて、地盤沈下の防止のためには、いうまでもなく地下水の取水を規制することが重要となる。日本では一九五六年に「工業用水法」、一九六二年には「建築物用地下水の採取の規制に関する法律」が制定され、大規模な地下水のくみ上げが規制されるようになった。前者は主に工場の取水を、後者は大規模なビルでの地下水の取水を規制するものだが、当初は業界への配慮が色濃く、対象地域は限られ、規制も不十分だったために、地盤沈下はその後も進んでしまった。場所によっては、年間の沈下量が二〇センチを超える地域もあり、海抜が海面より低い「ゼロメートル地帯」の拡大などが大きな社会問題となった。

実際に厳しい地下水の取水規制が行われるようになったのは一九七〇年代の半ば以降で、先に紹介した「関東地下水盆説」が一つのきっかけになった。一九八一年には地盤沈下対策に関する関係閣僚会議が設置され、濃尾平野、筑後・佐賀平野、関東平野北部といった地盤沈下が深刻な地域について「地盤沈下防止等対策要綱」が定められた。独自に地下水のくみ上げを規制する条例を制定するなどして、対策を進めている地方自治体も少なくなく、環境省によると、条例などでくみ上げ規制を行っている自治体は二五都道府県、二四八市町村にのぼる。

これらの努力により、一九七〇年には年間一五〇万立方メートルもあった東京都の取水量が、九一年には六六万立方メートルにまで減るなど、地盤沈下の進行はようやく歯止めがかかりつつある。

地盤沈下の発生でとくに問題になるのは、繰り返すが「ゼロメートル地帯」の拡大である。ゼロメートル地帯とは、海抜が満潮位よりも低い場所を指す。東京都の低地部などでは、地盤沈下によってゼロメートル地帯が拡大し、環境省によると現在、都内では一二四平方キロ、千葉県にも一七平方キロ存在する。消雪用の地下水のくみ上げなどで地盤沈下が深刻化した新潟平野でも一八三平方キロ、愛知県には三六三平方キロ、大阪府にも八〇平方キロのゼロメートル地帯が存在する。これらの地域は高潮や洪水の影響を非常に受けやすく、地盤沈下が直接、人間の命の危険につながることを示している。また今後、地球温暖化が進むと、海面が上昇したり、高潮や暴風雨の規模が増大したりすることが予測されているので、地盤沈下の被害はさらに大きくなる恐れがある。地下水の「持続的でない利用」をやめて地盤沈下を少しでも減らし、厳重な監視を続けることはいまもって重要な課題なのである。

この章の終わりに、地下水の過剰なくみ上げによって起こるもう一つの問題について触れておきたい。それは地下水の塩害、「塩水化」である。

これは主に海に近い沿岸部で発生する。沿岸部の地下にある帯水層から大量の地下水をくみ上げると、地下水圧が減少して、周囲にある海水が浸入するために起こる現象だ。地下水中の塩分濃度が高くなると、当然ながら飲料水としては適さなくなるし、農業用水や工業用水としても使えなくなってしまう。環境省によると、地下水の塩水化は日本では宮城県などのほか、関東平野や濃尾平野、大阪平野や筑後・佐賀平野などで観測されている。いずれも地下水の過剰なくみ上げによる地盤沈下が深刻な地域である。

コラム

## 映画の中の地下水

映画ではしばしば環境問題を訴える作品が作られているが、なかでも「地下水」を扱ったものとしては、「シビル・アクション」（原題：A Civil Action、一九九九年）と、「エリン・ブロコビッチ」（原題：Erin Brockovich、二〇〇〇年）の二作がある。

米国ではラブカナル事件などの廃棄物の埋め立てによる汚染や、シリコンバレーのハイテク汚染（第7章参照）など、産業の発展により過去にはなかったタイプの汚染が顕在化している。そのため、一九八〇年代にはスーパーファンド法が制定され、地下水・土壌汚染に対する責任の明確化や、対策の実施などが行われてきた。米国では飲料水の地下水依存度が高いため、地下水汚染は直接的に健康被害を引き起こす可能性があり、非常に大きな社会問題となったのだ。

二つの映画はいずれも、このような状況を背景にした実話にもとづいている。「シビル・アクション」では、健康被害が生じた住民を救うため、大企業を相手にした民事訴訟を単身で引き受ける弁護士をジョン・トラボルタが演じている。私財を投じて無一文になりながら、最後には彼が勝訴するのだが、訴訟社会のなかでのこの問題の難しさがよくわかる。

「エリン・ブロコビッチ」は弁護士事務所に勤める普通の女性が、大企業の汚染物質流出の隠蔽を暴く話である。彼女は最終的に当時の米国史上で記録に残る損害賠償額を勝ち取るのだが、それは、汚染の科学的な証拠や因果関係を明らかにしていく彼女の地道な努力によるものだった。地下水の採取やボーリング調査、水文学的な考察などを通じて、汚染源の特定や健康被害の評価の難しさ、あるいは裁判の大変さなどがスクリーンから伝わってくる。主演のジュリア・ロバーツはこの作品でアカデミー賞の主演女優賞を受賞している。

第7章

# 汚される地下水

過剰なくみ上げと並んで、われわれの貴重な地下水を脅かすものに、地下水の汚染がある。これも過剰なくみ上げと同様に、規模が拡大した人間活動が主な原因だ。

地下水汚染の原因物質は、揮発性有機化合物から農薬、細菌、放射性物質、油や重金属などさまざまなのだが、ここでは日本国内で大きな問題になり、いま大がかりな調査や研究が進められている有機塩素系溶剤による地下水汚染と、窒素肥料の大量使用が原因で起こった硝酸性窒素による汚染の問題を中心に取り上げる。

## 地下水汚染のしくみ

表7－1は、二〇〇八年一一月に環境省が発表した日本の地下水汚染の現状データだ。調べた四六三一本の井戸のうち、七・〇%に当たる三二五本で、環境基準の超過が確認された。これらからもわかるように、硝酸性窒素の汚染の超過率が四・一%と最も高く、トリクロロエチレンやテトラクロロエチレンなどの有機塩素系溶剤の汚染も依然として問題であることがわかる。一見、基準の超過率はそれほど大きくないように見えるが、182ページの図7－2からは汚染の改善が進んでいないことがわかるだろう。

地下水の汚染が問題になった揮発性有機化合物とくに塩素系の化合物には、表からもわかるようにトリクロロエチレン、テトラクロロエチレン、四塩化炭素などがある。地下水の汚染でとく

| 項　目 | 調査数（本） | 超過数（本） | 超過率（%） | 環境基準値（mg/ℓ） |
|---|---|---|---|---|
| カドミウム | 3,160 | 0 | 0.0 | 0.01以下 |
| 全シアン | 2,737 | 0 | 0.0 | 検出されないこと |
| 鉛 | 3,466 | 12 | 0.4 | 0.01以下 |
| 六価クロム | 3,388 | 1 | 0.0 | 0.005以下 |
| ヒ素 | 3,591 | 73 | 2.0 | 0.01以下 |
| 総水銀 | 3,233 | 5 | 0.2 | 0.0005以下 |
| アルキル水銀 | 363 | 0 | 0.0 | 検出されないこと |
| PCB | 1,732 | 0 | 0.0 | 検出されないこと |
| ジクロロメタン | 3,370 | 0 | 0.0 | 0.02以下 |
| 四塩化炭素 | 3,536 | 0 | 0.0 | 0.002以下 |
| 1,2-ジクロロエタン | 3,198 | 0 | 0.0 | 0.004以下 |
| 1,1-ジクロロエチレン | 3,567 | 0 | 0.0 | 0.02以下 |
| シス-1,2-ジクロロエチレン | 3,587 | 7 | 0.2 | 0.04以下 |
| 1,1,1-トリクロロエタン | 3,635 | 0 | 0.0 | 1以下 |
| 1,1,2-トリクロロエタン | 3,136 | 1 | 0.0 | 0.006以下 |
| トリクロロエチレン | 3,948 | 7 | 0.2 | 0.03以下 |
| テトラクロロエチレン | 3,938 | 12 | 0.3 | 0.01以下 |
| 1,3-ジクロロプロペン | 2,883 | 0 | 0.0 | 0.002以下 |
| チウラム | 2,404 | 0 | 0.0 | 0.006以下 |
| シマジン | 2,471 | 0 | 0.0 | 0.003以下 |
| チオベンカルブ | 2,399 | 0 | 0.0 | 0.02以下 |
| ベンゼン | 3,396 | 0 | 0.0 | 0.01以下 |
| セレン | 2,830 | 0 | 0.0 | 0.01以下 |
| 硝酸性窒素及び亜硝酸性窒素 | 4,235 | 172 | 4.1 | 10以下 |
| フッ素 | 3,890 | 41 | 1.1 | 0.8以下 |
| ホウ素 | 3,289 | 6 | 0.2 | 1以下 |
| 合計（調査地点） | 4,631 | 325 | 7.0 | |

表7-1　地下水質の測定結果（平成19年度）（環境省「平成19年度地下水質測定結果」より）

に大きな問題を引き起こしたのはトリクロロエチレンとテトラクロロエチレンだ。これらの物質は溶剤として油を溶かしやすいが、水には溶けにくく、揮発性が高く、粘度は低い。このような性質を利用して半導体や金属部品の洗浄用の溶剤などに広く使われ、テトラクロロエチレンはドライクリーニングの溶剤としても使われた。使用されるようになった当初は、人体への有害性も明らかでなく、扱いが非常に容易だったために「夢の溶剤」といわれたこともあった物質である。

183ページの図7－3は、トリクロロエチレンやテトラクロロエチレン

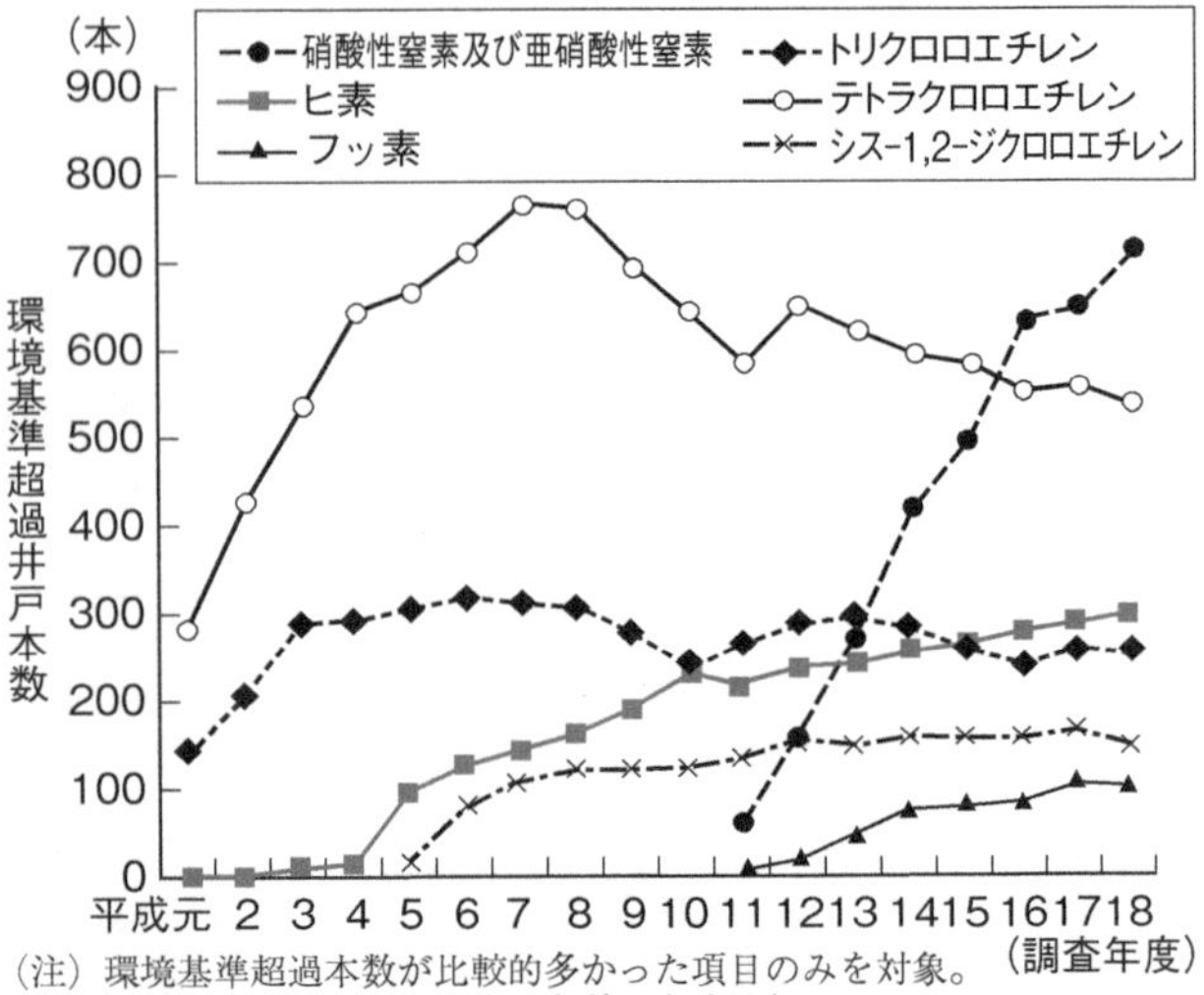


(注) 環境基準超過本数が比較的多かった項目のみを対象。
(資料) 環境省「平成18年度地下水質測定結果」

図7-2　環境基準と超過した井戸の本数の推移

によって地下水が汚染されるしくみを模式的に描いたものだ。これらの物質を保管しているタンクや移送のためのパイプに穴が開いてしまっていたり、古くなった溶剤をそのまま地下に流したり、捨てたり、といった行為によって、汚染が起こる。二つの物質はともに水よりも比重が大きいうえ、粘性が低く、土壌には吸着されにくいため土壌の間隙を縫って地下の帯水層にまで比較的短時間で進んでいく。帯水層の中に入ってからも地下の深い部分まで進み、帯水層と難透水層の境目まで達して止まり、徐々に地下水中に溶け込んだり、運ばれたりして広い範囲の汚染を引き起こす。揮発性が高いために地下の間隙中にもガス状で存在することもある。環境中では非常に分

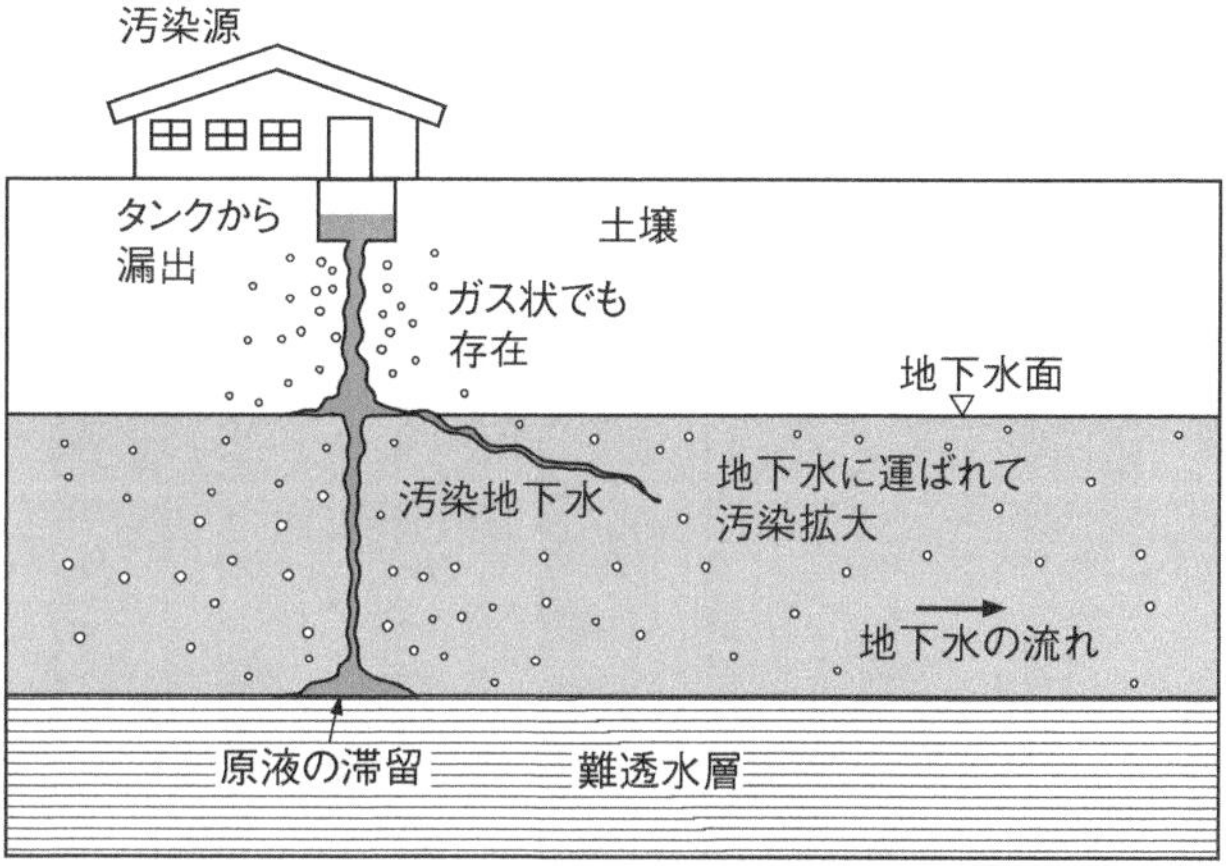


図7-3　有機塩素系溶剤で地下水が汚染されるしくみ

解されにくいことも二つの物質の特徴で、このため、いったん高濃度の汚染物質が環境中に出ると、汚染源での対策をとらないかぎり、地下水や土壌の汚染が非常に長い時間継続することになる。

当初は人体への影響は小さい物質だと考えられていたが、その後の動物実験や労働者の健康調査などから、高濃度では体のまひや呼吸障害、慢性的な暴露でも貧血や肝臓障害、がんなどの原因になる可能性が指摘され、一転して世界的な研究と対策が急務となったのだ。

## ハイテク汚染

トリクロロエチレンやテトラクロロエチレンなどの有機塩素系溶剤による地下水や環境の汚染が最初に問題になったのは、アメリカ・カリフォルニア州の半導体生産基地であるサンタクララバレー、通称

「シリコンバレー」でのことだった。日本でも半導体工場の周辺などで深刻な地下水汚染が発見されたことなどから、これらの物質による汚染は「ハイテク汚染」と呼ばれるようになった。

シリコンバレーでのハイテク汚染が表面化したのは一九八一年のこと。半導体メーカー、フェアチャイルド社の工場でタンクからトリクロロエチレンなどを大量に含む廃液が漏れだし、地下水を汚染する事故が起こったことがきっかけだった。当局が地下水汚染の実態を調べるなかで広範囲の地下水汚染が判明し、溶剤を入れていたタンクの八割近くから廃液の漏れが確認されて、ずさんな溶剤の管理の実態が明らかになった。アメリカでは危険物や有害物質のタンクは地下に建設されることが多く、これがシリコンバレーなどでの地下水汚染の被害を大きくしたとされている。

周辺では少し前から、子供の先天異常や流産などが多発していた。汚染の発覚とともに、有機溶剤に汚染された水を飲んでいる地域の住民はさまざまな健康障害のリスクが他の地域に比べて非常に高いことや、流産や先天異常の発生率も高いことが指摘され、にわかに大きな社会問題となった。

トリクロロエチレンなどの溶剤がアメリカ同様に広く使われていた日本でも、これらの物質による地下水汚染は深刻化した。これらは当時としては新規の汚染物質で、国の環境基準や飲料水中の基準などもなかったのだが、シリコンバレーの汚染が発覚した翌年の一九八二年に環境庁

（当時）が行った調査で、日本各地での汚染が確認された。その結果は図7－4の通りだ。東京や横浜、大阪など全国一五都市の一三六〇本の井戸について環境庁が調べたところ、トリクロロエチレン、テトラクロロエチレン、1,1,1－トリクロロエタンのいずれかの物質で汚染された井戸が三本に一本の割合で存在することがわかった。グラフからもわかるようにいずれも深井戸でも検出され、トリクロロエチレンなどの汚染が、地下の深い場所にまで及んでいることを示している。

一方、汚染物質の濃度は逆に浅井戸の方が圧倒的に高く、地下水一リットル中にミリグラムレベルと、この種の汚染物質としてはとても高い濃度の汚染が確認された。検出率では河川水が地下水を上回っているものの、最高濃度は非常に低く、水道水の基準を超えた割合も深井戸が最高五％だったのに対し、河川水はゼロだった。トリクロロエチレンなどは揮発性が高いこともあって、河川中に出てもどんどん、大気中に出ていってしまう。このため、つねに大気に触れている河川水の濃度が低くなったと考えられている。これらのデータをみると、トリクロロエチレンなどの有機塩素系溶剤が、典型的な地下水汚染物質であることがよく理解できる

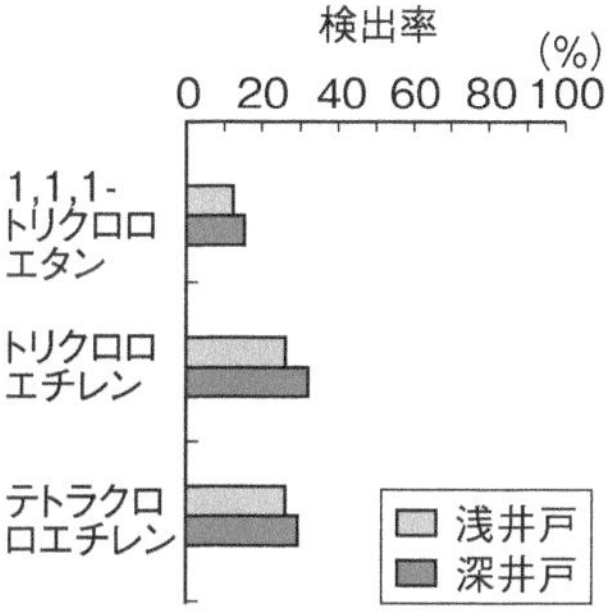


図7-4　有機塩素系溶剤による汚染の実態（1982年の環境庁調査）

だろう。

その後、これらの物質については水道水質基準や環境基準が定められ、企業の対策も徐々に進んだが、いまでも基準を何万倍も上回る地下水の汚染が新たに発見されることもあるし、発生した汚染が長期間にわたって続き、地下水を飲料水として利用することを中止せざるをえなくなった自治体なども出ている。先に述べたように、トリクロロエチレンやテトラクロロエチレンは水には溶けにくいのだが、難透水層の上に溜まって少しずつ水に溶け込んでいく。深井戸を含めて広い範囲の地下水に汚染が拡大するため、根本的な除去対策などを行わないと、非常に長期間にわたって汚染が続くのが特徴だ。

## 汚染源を探す

有機塩素系の溶剤による地下水汚染が深刻化するなかで、地下水科学の専門家は、汚染の現状を把握して汚染源を突きとめることや、汚れた地下水の浄化対策技術の開発などを迫られることになった。だが地下の目に見えないところで、場合によっては非常に長い時間をかけて進む地下水の汚染の実態を解明し、汚染対策を検討することは、有機塩素系溶剤に限らず非常に難しい。有機塩素系溶剤による地下水汚染の場合、タンクからの漏出や、過去に地下に埋められたり捨てられたりした廃溶剤などが原因となって引き起こされる場合が多く、効果的な対策のためにはこ

| | 調査項目 | 重金属 | 揮発性有機塩素化合物 | 石油系燃料 | 農薬・肥料 | 最終処分場 | △の場合の条件 |
|---|---|---|---|---|---|---|---|
| 広域的な調査 | 資料調査 | ○ | ○ | ○ | ○ | ○ | |
| | 井戸調査 | ○ | ○ | ○ | ○ | ○ | |
| | 表層土壌ガス調査 | × | ○ | △ | △ | △ | 物質による |
| | ボーリング調査 | ○ | ○ | ○ | ○ | ○ | |
| | 物理探査(水文地質構造) | ○ | ○ | ○ | ○ | ○ | |
| | 物理探査(汚染検知) | △ | △ | ○ | × | ○ | 地質条件、濃度による |
| | シミュレーション | ○ | ○ | ○ | ○ | ○ | |
| 対象地の調査 | 資料等調査 | ○ | ○ | ○ | ○ | ○ | |
| | 表層土壌調査 | ○ | × | △ | ○ | △ | 物質による |
| | 表層土壌ガス調査 | × | ○ | △ | △ | △ | 物質による |
| | 地下水調査 | ○ | ○ | ○ | ○ | ○ | |
| | ボーリング調査 | ○ | ○ | ○ | ○ | ○ | |
| | 揚水試験・透水試験 | △ | ○ | ○ | ○ | △ | 必要性による |
| | 物理探査(地下埋設物) | ○ | ○ | ○ | ○ | ○ | |
| | 物理探査(汚染検知) | △ | △ | ○ | × | ○ | 地質条件、濃度による |
| | シミュレーション | ○ | ○ | ○ | ○ | ○ | |

表7-5　汚染物質による調査内容の違い（○＝適用可、△＝条件により適用可、×＝適用不可）（「土壌・地下水汚染の調査・予測・対策」より）

の高濃度の汚染源を特定し、取り除く必要があるからだ。

最初に重要になるのは、汚染の広がりを確認し、汚染源を確定する調査である。汚染を引き起こした物質の種類によって調査方法も違ってくる（表7－5）が、有機塩素系溶剤による地下水汚染の状況を広い範囲にわたって調査するうえで有効であることがわかったのが、土壌のガスを分析する手法だ。吸着剤を入れたセンサーを地下に埋め込んでその濃度の変化を調べたり、ポンプを使って土壌中のガスを集めて分析するという手法が提案され、現場でガスの濃度を測定できるさまざまな機器が開発された。土壌中の汚染ガスの濃度は、汚染源で最も大きく、離れるに従って低くなるので、汚染が見つかった井戸の周辺でガスを調べ、地図の等高線のように濃度が等しい場所をつないだ「濃度等値線図」というラインを描いていくと、汚染源のおよその場所を知ることができる。

ただし、これはあくまでも地表からの解析なので、最終的にはボーリングをして周囲の土壌や地下水中の汚染物質の濃度や流動の状況などを調べ、場合によってはシミュレーションなども行って、地下のどこに汚染源があるかを突きとめることが必要になる。

## 困難な汚染対策

このようにして汚染源となっている有機塩素系溶剤のたまり場などが確認されたら、次は汚染の拡大を防ぎ、汚れた地下水を浄化するさまざまな工事を行うことになる。汚染の形態や地形、周辺の住宅地の分布や地下水の利用のされかたなどを考慮して、最も適切な手法を選択する必要がある。

汚染対策技術は大きく分けて、汚染源の土壌を除去したり、地下水をくみ上げたりして、汚染を取り除く手法と、汚染源のある地下で化学反応や生物の力で汚染物質を分解する「原位置浄化」と呼ばれる手法の二つがある。

汚染物質を除去するうえで有効な手段の一つは、汚れた地下水をくみ上げ「ばっ気」という手法で汚染物質をガス状にして除去する手法だ。汚れた地下水をタンクに溜めて、下から空気を吹き込んだり、充塡剤《じゅうてん》の中で空気と接触させたりして、揮発しやすいトリクロロエチレンなどを分離し、ガス状になった物質は活性炭などを使った排ガス処理装置で処理する（図7－6）。きれいになった地下水は、そのまま人間が利用することもできるし、再び、地下に戻されることもある。また、帯水層に空気を吹き込んで汚染物質のガス化を促進する「エアースパーシング」という手法も実用化されている。これは地上で行うばっ気を、汚染物質がある地下で行おうという面白い手法だ（図7－7）。このほか、地下水を人工的に流動させながら界面活性剤などを地下に注入してこの中に溶剤を溶かして回収するフラッシング法という技術も提案されている。

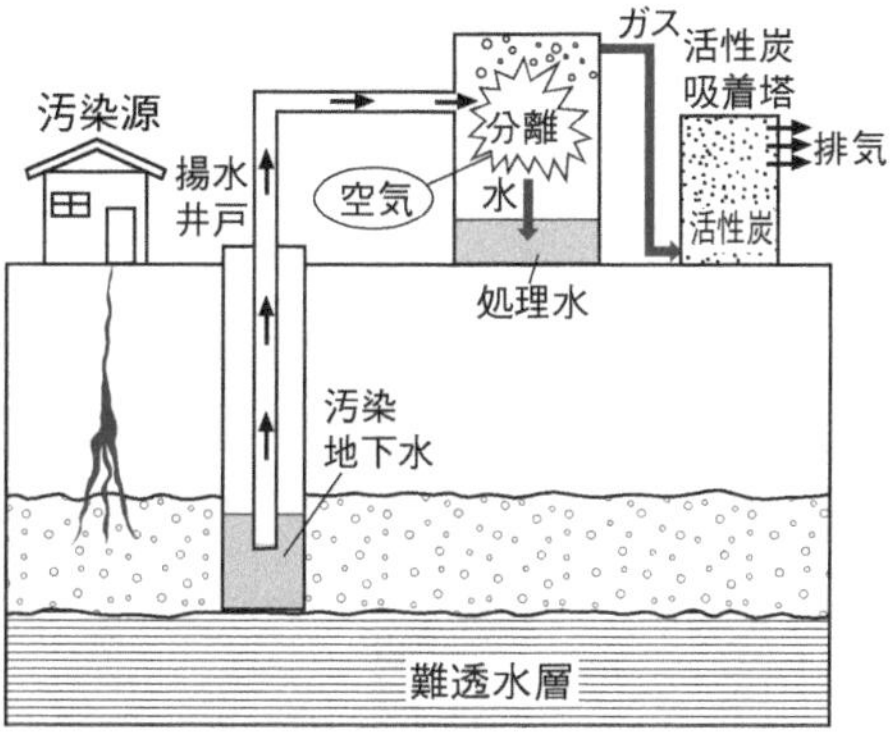


図7-6　ばっ気による汚染物質除去のしくみ

これらの手法は、汚染を軽減させるうえでは非常に有効で、実際にかなりの改善を確認した例もある。だが、もともとトリクロロエチレンなどは水に溶けにくいので、飲用などに問題がないレベルまで地下水中の濃度を低くするには非常に長い時間がかかり、そのためのコストも手間も大きくなる。最初のうちは汚染の除去率が高くても、処理を続けるうちに汚染源の濃度が低くなると、除去効率が落ちてくるという問題もある。

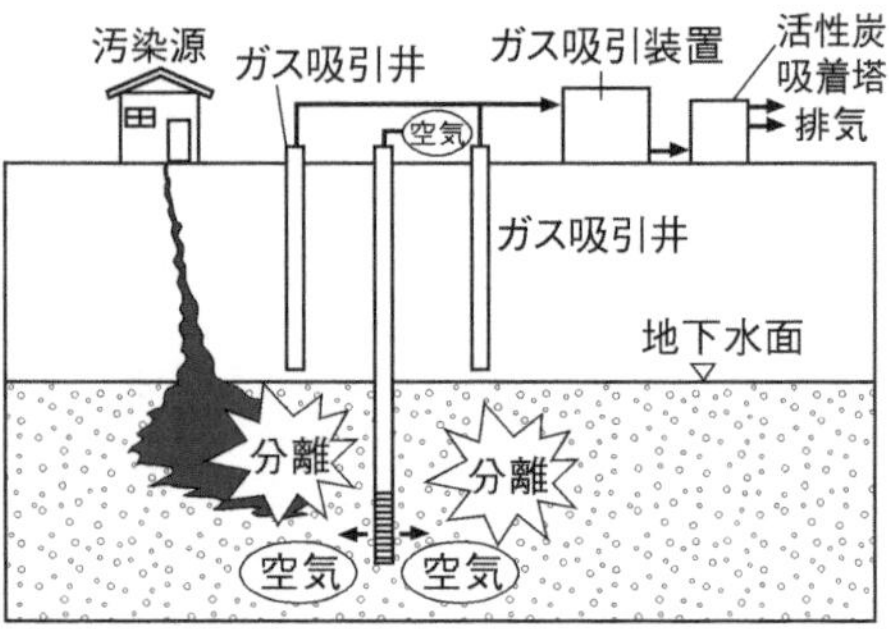


図7-7　エアースパージングのしくみ

汚染除去効果が確実で技術的な制約が少ないため、日本では地下水のくみ上げ処理が行われることが多いのだが、これらの対策は非常に長い時間がかかり、多大なコストがかかる。汚染が世界的に注目されるきっかけをつくった企業、フェアチャイルド社の対策費用は二四億円にも上った。シリコンバレーでは二千数百本の井戸が汚染の監視のために掘削され、汚染された土壌や地下水の除去が行われたが、これだけで約一〇〇億円もの費用がかかったという。

原位置浄化法にもさまざまな手法が提案されている。汚染物質を分解したり吸着したりする材料を汚染源の周囲に壁のようにめぐらせ、この中に地下水を通して、汚染物質を分解、浄化する手法で「反応性バリア」ということもある。浄化壁として反応性のある物質や触媒が充塡されていて、地下水の自然の流れを利用して、汚染物質を除去するしくみだ。これには還元力のある鉄の粉が使われることが多い（図7－8）。だがこの場合も、浄化壁の能力が時を経るに従って低下する可能性もあるため、効果がどれだけ続くかを予測する技術が課題になっている。

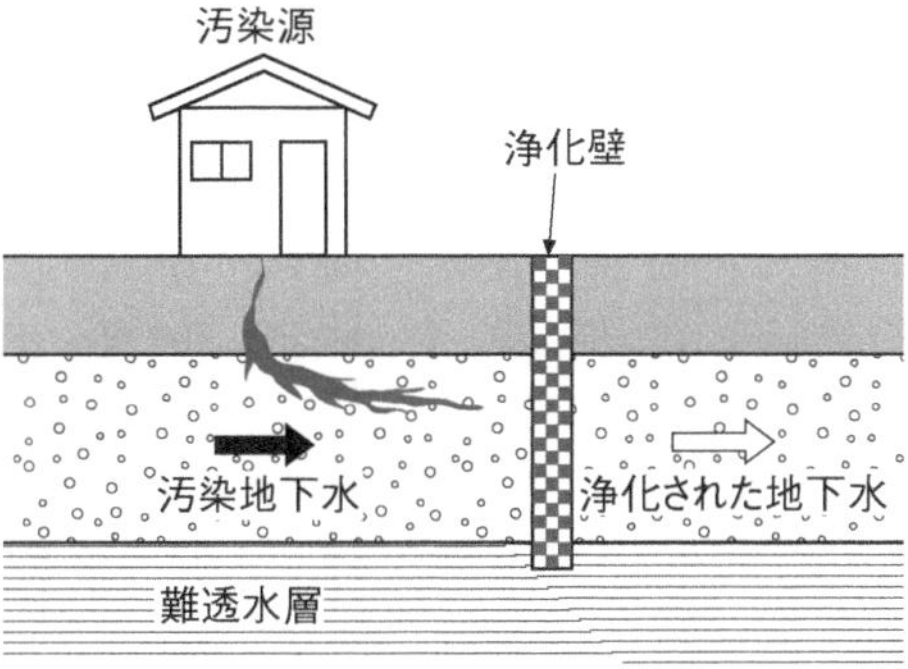


図7-8　浄化壁による汚染物質除去のしくみ

アメリカは日本に比べて環境基準が厳しく、情報公開が進んでいることもあって、トリクロロエチレンなどによる汚染が報告された井戸の数は四〇万本にもなるとされる。日本では汚染が確認された井戸の数は約二〇〇〇本にとどまっているが、今日でもまだ、基準を大幅に超える汚染が毎年のように確認されており、潜在的な汚染地は、かなりの数に上るとされている。有機塩素系溶剤による地下水汚染が社会にもたらしたコストは莫大で、一度汚したら浄化することが非常に難しい地下水の保全がいかに重要かを感じさせる。

## 生き物の力を利用する

このようにトリクロロエチレンなどによる汚染の対策は非

常に困難、かつコストが高くつく。たしかに土壌ガスの吸引や地下水の揚水・ばっ気処理は非常に有効で、日本各地の汚染地で広く利用されてきた。しかし、これらの手法は高濃度の汚染には有効だが、汚染が一リットル当たり〇・一ミリグラム以下という低濃度になると効率が下がり、それ以上は長い間処理を続けてもなかなかきれいにならないというケースが多い。

だが最近、有機塩素系溶剤に限らず、油による汚染なども含めて、比較的低濃度の汚染を効率よく処理できる手法として注目されている技術がある。微生物の力を借りて汚染物質を分解し、環境の浄化をはかる「バイオレメディエーション」という手法で、近年、研究が進み、実施例が増えてきている。

汚染物質を分解する特殊な微生物を使った環境浄化技術、バイオレメディエーションは、もともと環境中にいる微生物に栄養を与えて活動を促し、分解を促進する「バイオスティミュレーション」という手法と、微生物を汚染された環境に人為的に加えて汚染物質を分解する「バイオオーグメンテーション」という手法の二つに大別される。後者は、汚染物質を分解する微生物がいない場所や、既存の微生物では分解しにくい汚染が発生している場合に、外部から微生物を持ち込むもので、前者に比べてより慎重な事前のアセスメントが必要になる。

バイオスティミュレーションの例として有名になったのが、一九八九年三月にアメリカのアラスカ州で巨大なタンカー「エクソン・バルディーズ号」が座礁して、四万二〇〇〇キロリットルという大量の原油が周辺の海岸に流出した「エクソン・バルディーズ号事件」の処理だ。その汚染のすさまじさは、いまだに影響が続いていることが指摘されているほどだが、沿岸に広がった汚染処理のために検討されたのが、油を栄養源にして増殖する微生物の力を利用することだった。実際に沿岸の約一〇〇キロにわたって微生物の栄養となる親油性の肥料を散布したところ、環境中での油の分解が、これを行わなかった地域に比べて目立って進み、大きな浄化効果が確認された。バイオレメディエーションの技術が新たな環境浄化技術として一挙に注目されるようになったのは、これ以降のことだ。その後、各国で急速に研究が進み、日本も湾岸戦争で汚染されたクウェートの土壌を微生物の力で浄化する実験を行うなど研究開発を進めていて、二〇〇五年にはバイオレメディエーションに関する政府の指針もまとまっている。

## 分解菌

一方、バイオオーグメンテーションの手法を用いて、トリクロロエチレンによる地下水汚染を微生物の力を使って浄化できるのではないかと期待されるのは、これらの物質を分解する微生物が実際に見つかっているからだ。国立公害研究所（現国立環境研究所）のグループは、一九八七年に茨城県内の土の中から、トリクロロエチレンを食べて二酸化炭素などに分解、無害化してしまう微生物を発見した。

この微生物を土壌一グラムにつき一〇〇匹ほど加え培養すると、一リットル当たり一ミリグラムのトリクロロエチレンが一日でほとんど検出できないレベルにまで減少することがわかった。ほかの方法でこのレベルに達するには、一〇年近くかかるという。

その後、同様の微生物が何種類か見つかり、比較的高濃度の溶剤があっても生息できる微生物や、テトラクロロエチレンも同時に分解できる微生物も発見され、増殖技術の開発や溶剤の分解に関連する遺伝子の解析も進んでいる。

一九九五年度から六年間、千葉県君津市内のトリクロロエチレン汚染が確認された場所で、日本初のトリクロロエチレン分解菌を使った実証実験が行われた。注入井戸を三ヵ所掘り、メタンと酸素を含んだ地下水を注入して、トリクロロエチレンを分解するメタン資化性菌を増殖させる試みである。汚染された地下水がある帯水層を狙って注入井戸からメタン、酸素、窒素、リンを含んだ水を一日につき五〇トン、一ヵ月間注入したところ、観測井戸のトリクロロエチレン濃度は一リットル当たり七ミリグラムから、飲料水の基準である同〇・〇三ミリグラム以下になったことが確認された。そこでメタンと酸素の注入を停止したところ、地下水の流速からして、一〇日後には汚染された地下水が上流から流れてくるはずだったのが、約五〇日後になるまで観測されなかったことから、約四〇日間は微生物の浄化効果があったと考えられた（図7－9）。

もともと水一ミリリットル中には一〇〜一〇〇匹くらいのトリクロロエチレン分解菌がいたの

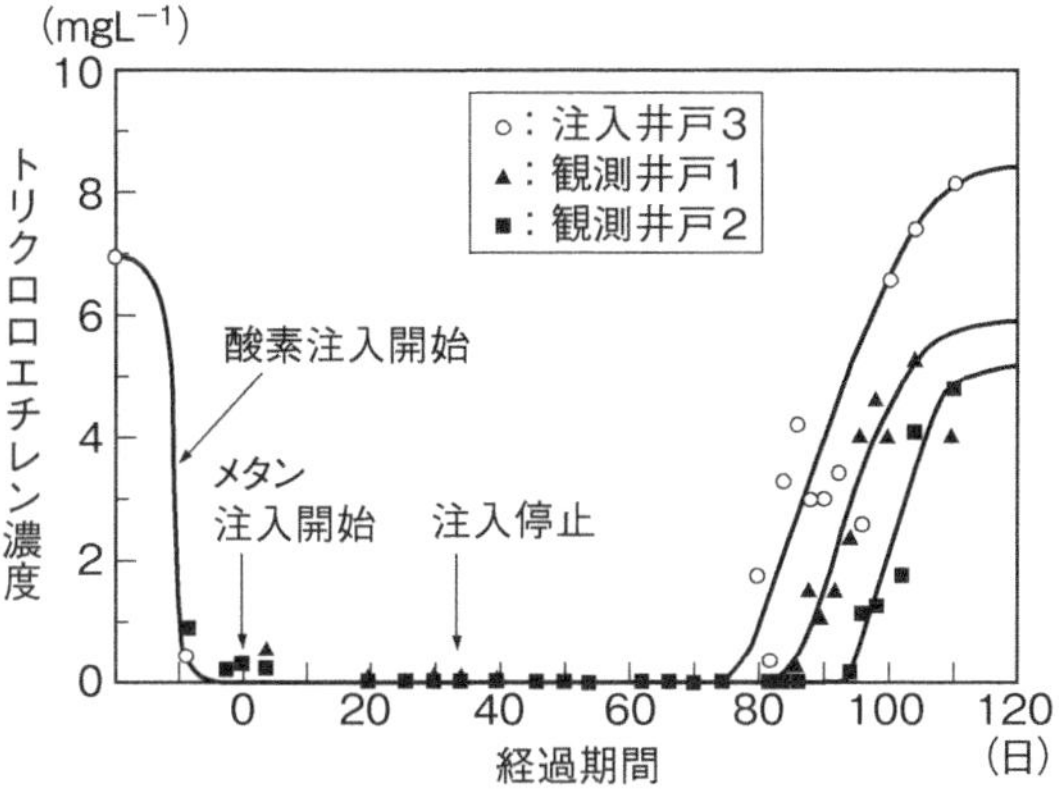


図7-9　微生物を注入した井戸中のトリクロロエチレン濃度

だが、これが一〇日後には一〇〇万匹ほどに増殖したことも確認された。自然界には土壌一グラムの中に一〇〇〇万匹もの微生物がいるので、その中に一〇〇万匹の微生物が加わっただけで浄化機能が発揮されるかどうかが当初、疑問視されていたのだが、実験の結果からはこの程度の数でも十分な機能が期待できることがわかった。

この実験の場合は、汚染された地下水がある現場で微生物の力を借りて行った「原位置処理」だったが、このほかにも、汚染された土壌を除去してきて集め、水や微生物の栄養分などを加えて汚染物質を分解させる手法や、微生物をタンクの中で大量に培養し、汚染された水を流して分解させる「バイオリアクター」という装置の研究も進んでいる。これが実用化されれば、トリクロロエチレンの揚水・ばっ気処理と似たような形での浄化も可能になるかもしれない。

このほかにもダイオキシンや六価クロムなど、地下水汚染の原因になる物質を無害化する微生物が報告されていて、バイオレメディエーションは今後の発展が期待されている。

## 窒素肥料がもたらす環境への悪影響

トリクロロエチレンやテトラクロロエチレンと並んで、日本国内で大きな問題となった地下水汚染に、硝酸性窒素によるものがある。

この問題を理解するためにはまず、一九〇八年にドイツで開発された画期的な発見にまでさかのぼる必要がある。この年、フリッツ・ハーバーとカール・ボッシュという二人の化学者が、大気中に大量に存在する窒素から低コストでアンモニアを合成する手法を開発した。ハーバー・ボッシュ法と呼ばれるこの手法は、数年後にはアンモニアの工業的な生産につながり、窒素肥料の大量生産に道を開いた。窒素はリン、カリウムと並ぶ農作物にとっての三大栄養素である。「石炭と水と空気からパンを作る手法」とまでいわれたこの発見は、戦後の世界的な食糧増産「緑の革命」のなかでも大きな役割を果たした。

だが一方で、本来は大気中にあって安定な窒素が人間によって固定されることで、地球上の窒素の循環の様子は大きく変えられ、地球の環境にも多大な影響を与えるようになった。その代表的な例は、湖沼や閉鎖性水域の富栄養化だが、窒素肥料の大量使用が主な原因となった硝酸性窒素による地下水汚染も、その悪影響の一つである。

硝酸性窒素とは、硝酸塩の形で含まれる窒素のことで、窒素肥料や家畜の糞尿、生活排水などに含まれるアンモニアから土壌中で生成される。硝酸塩を多く含む水を飲むと、「メトヘモグロビン血症」という病気の原因となることが知られている。硝酸塩から体内で生成された亜硝酸塩が、血液中にあって全身に酸素を運ぶ役割をしているヘモグロビン（血色素）と反応して、メトヘモグロビンという物質を作る。この結果、体内に供給される酸素の量が減って、チアノーゼなどを起こすのだ。これがメトヘモグロビン血症で、とくに乳幼児にとっては命にかかわることもある要注意の病気である。赤ちゃんがチアノーゼを起こして全身が真っ青になってしまうため「ブルーベイビー症候群」と呼ばれることもある。最初に報告されたのはアメリカだとされているが、日本でも新生児のメトヘモグロビン血症が報告されている。

窒素肥料が原因ではないが、二〇〇八年に中国の広州市で二〇人以上の人が高濃度の亜硝酸塩を含む飲料水を飲んで中毒を起こしたことが報道された。このほか、飲料水中の硝酸塩は、体内で有機物と反応して、発がん性のある窒素化合物の一種「ニトロソ化合物」を生成することも指摘され、各国で飲料水中の基準などが定められている。日本の場合は一リットル中一〇ミリグラムに設定されている。

## 硝酸性窒素による地下水汚染

化学肥料を大量に使う農業を行っている欧米や日本などにとって、深刻な汚染が指摘されてきた。アメリカでは一九六〇年代から、硝酸性窒素による地下水汚染は共通した環境問題である。アメリカでは一九六〇年代から、深刻な汚染が指摘されてきた。日本でも一九六九年に茨城県が行った調査で、対象となった六五二五ヵ所のうち三六・四%が水道水の基準値を超過していたことが報告されている。だが、この汚染が全国的に注目されたのは一九八二年の環境庁（当時）による全国の地下水調査で、基準を超えた井戸が九%もあることが報告されてからだった。これらのことから、日本でも硝酸性窒素による地下水汚染は一九六〇年代からかなり深刻になっていたと考えられている。

トリクロロエチレンなどの汚染は企業の対策が進んだこともあって、新たな大規模汚染が起こるケースは減少傾向にあり、基準を超過する井戸の比率もゆっくりではあるが低下傾向にある。これに対して、硝酸性窒素の場合、環境省による最新の地下水調査での基準超過率は四・一%。一九九四年度が二・八%、二〇〇一年度が五・八%と、汚染はまだまだ改善の兆しはない。とくに関東地方では超過率が一〇%以上と非常に高く、なかでも群馬県は二〇%近くと、実にほぼ五本に一本の井戸で濃度が基準値を超えていたこともある（表7－10）。しかも程度の差はあるものの、汚染は北海道から九州までほぼ全国的な広がりを見せていて、対策強化は緊急の課題といえる。

## 汚染が起こるしくみ

硝酸性窒素によって引き起こされる地下水汚染は、土壌中での窒素の挙動と地下水の流動の状況によって引き起こされる。

土壌中にはタンパク質やアミノ酸など、生物由来の窒素化合物が大量に存在する。植物由来の肥料や落ち葉、動物の排せつ物や死体などがこれに当たる。これらの物質は土壌中の微生物などの働きによって、アンモニアの形の窒素（アンモニア性窒素）、亜硝酸性窒素、硝酸性窒素へと比較的短い時間で酸化され、形が変わってゆく。一方、窒素肥料は主に尿素や硫安（硫酸アンモニウム）の形で農地に供給されるが、これも同様の形で、亜硝酸性窒素、硝酸性窒素へと分

| | 調査数（本） | 超過数（本） | 超過率（%） |
|---|---|---|---|
| 埼玉 | 146 | 13 | 8.9 |
| 茨城 | 91 | 12 | 13.2 |
| 千葉 | 268 | 30 | 11.2 |
| 神奈川 | 369 | 14 | 3.8 |
| 熊本 | 409 | 5 | 1.2 |
| 北海道 | 134 | 3 | 2.2 |
| 長野 | 82 | 6 | 7.3 |
| 群馬 | 151 | 29 | 19.2 |
| 栃木 | 135 | 7 | 5.2 |
| 青森 | 30 | 0 | 0 |
| 福島 | 30 | 4 | 13.3 |
| 愛知 | 125 | 4 | 3.2 |
| 岩手 | 80 | 2 | 2.5 |
| 愛媛 | 32 | 1 | 3.1 |
| 兵庫 | 138 | 1 | 0.7 |

表7-10　硝酸性窒素および亜硝酸性窒素の基準超過件数（環境省「平成19年度地下水質測定結果」より）

解されていく。植物は主に硝酸性窒素の形やアンモニア性窒素の形になった窒素を栄養素として吸収するのだが、窒素分の供給が過剰になると、吸収されなかった窒素が土壌中に、アンモニア性、硝酸性、亜硝酸性の形で残留することになる。

硝酸性窒素による地下水の汚染は、こうして土壌中に蓄積された硝酸性窒素が降水の浸透などによって帯水層に運ばれ、そこにある地下水に溶け込むことによって発生する。近年、農薬を使わない有機栽培が人気になり、化学肥料のかわりに堆肥や動物の糞などからつくられた有機肥料が使われることが多くなった。だが大量の有機肥料を畑にまくと硝酸性窒素による地下水汚染を招くという点では、化学肥料とあまり変わらないともいえる。

一般に土壌粒子の表面は、マイナスの電気を帯びている。このため陽イオンであるアンモニア性窒素は土壌粒子に吸着されて地下水中に流出しにくいのに対し、陰イオンである硝酸性窒素は、簡単に溶け出して、地下水中に入ってしまうとされる。こうしてみると、硝酸性窒素の溶出は、土壌中の窒素の量のほかに降水などの気象条件や土壌の成分や構造の違いなども関係する非常に複雑なプロセスであることがわかるだろう。

降水や施肥、マメ科の植物の根に存在する菌根菌による窒素の固定などの量を調べ、土壌中での窒素化合物の分解の状況などを調べると、ある土地での窒素の動態を示すモデルを作ることができる（図7－11）。

この土地では一ヘクタール当たり三四二キロの窒素肥料が投入されたが、そのうち植物に吸収されるのは一九三キロと、その半分余り。土地から流出する量は投入量の約二〇%で、自然に流出する量の一五倍近くになっている。この土地での地下水の年間の涵養量がわかれば、地下水中の硝酸性窒素の濃度を基準値以下に抑えるには流出量をどれだけ減らせばよいかが計算できることになる。

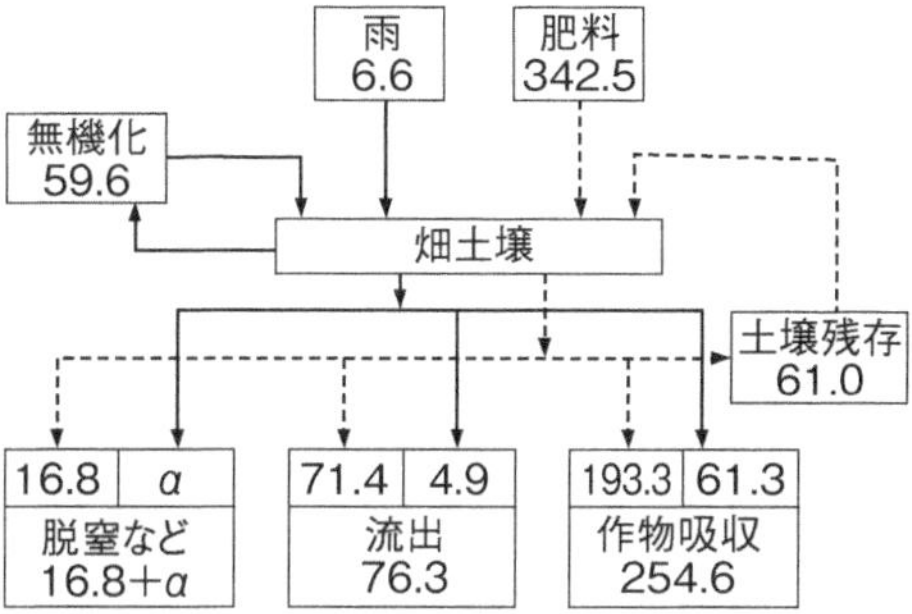


図7-11　畑地における窒素収支（kg/ha）
——無施肥　-----施肥
（田瀬則雄氏による）

図7－12は、北海道の土壌について、年間に農地に投入される窒素肥料などの量（横軸）と、地下水中の硝酸性窒素の濃度（縦軸）との関連を示したものだ。この場合、投入量が一〇アール当たり一五キロを超えると、基準を超えた地下水汚染が引き起こされる可能性があることを示している。

もう一つの汚染源は、家畜の排せつ物に含まれる窒素分だ。この問題にくわしい田瀬則雄・筑波大学教授は「当初は野積みや素掘り浸透などの不適切な処理が汚染源となっていたが、最近は排せつ物の絶対量が多くなり、畑地還元、堆肥化などでは対処できない状況となっている地域

（南九州など）も現れはじめている。日本の農業のあり方、食料問題とも関連してきており、単に地下水汚染問題として対応することができない側面も含んでいる。また、畑地還元、堆肥化に関連して、過剰施肥が起こっているケースがある」と指摘している。

## 汚染源の調べ方

各地で硝酸性窒素による汚染が確認されるなか、地下水の定期的なモニタリングによって硝酸性窒素の濃度のデータが集められ、窒素肥料の施肥量との関連や、農地が汚染源になって周辺の地下水に汚染が拡大していく状況などが徐々に明らかになってきた。その結果、農地に投入される大量の窒素肥料が汚染に深く関わっていることは、もはや疑う余地がないものとなっている。

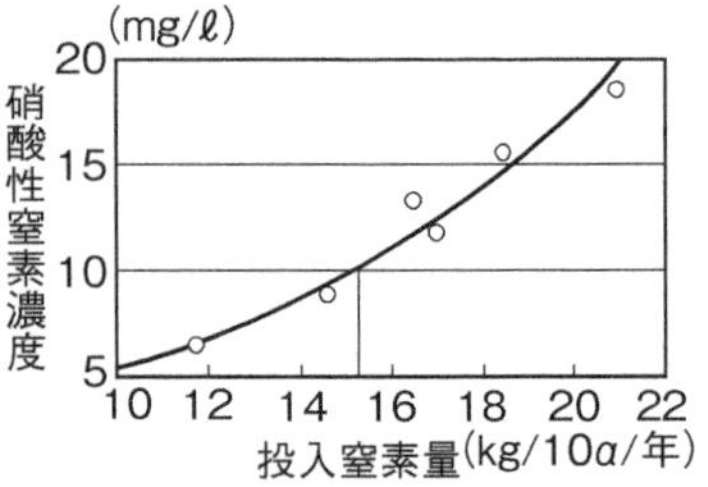

図7-12　投入窒素量と硝酸性窒素濃度の関係（田瀬則雄氏による）

とはいえ、土壌中の窒素分は肥料のほかに、畜産排水や生活排水などからのものもあり、汚染の原因は場所によってさまざまなので、対策を考えるためには何が主要な汚染源なのかを科学的に究明する必要がある。

ここで有効なのが、第2章で紹介した地下水中のさまざまな成分の分析と、ヘキサダイアグラムなどを使った解析である。たとえば、住宅の浄化槽や下水処理場を経て環境中に放出される下水中の窒素分などは、浄化槽の方式や下水処理の手法などによって違いがある。浄化槽から流出する水のダイアグラムと、汚染された地下水のダイアグラムが似通っていれば、窒素の汚染源が生活排水であることがわかる、という具合である。このほかに、農薬や大腸菌、洗剤、動物用医薬品など同時に検出されるほかの物質を手がかりに、汚染源を推定することもできる。

また、とくに有効な手法として、窒素の同位体を使った分析方法がある。通常の窒素の中にわずかに含まれる窒素15という同位体を使うものだ。降水や浄化槽からの排水、農地の土壌、水田土壌、化学肥料などに含まれる窒素の中の同位体比はそれぞれ異なっているので、汚染された地下水の中に含まれる窒素の同位体比を調べれば、その水の中の窒素の主要な供給源が何なのかを推定できる、というわけだ。

## 深刻な窒素汚染

硝酸性窒素による地下水の汚染が深刻になった場所は、群馬県の嬬恋村、長野県の菅平高原、静岡県の牧ノ原台地、長崎県の島原半島、熊本県の植木町、宮崎県の都城市などで、いずれも農業が盛んで地下水が豊かな場所である。なかでもこの汚染が大きな問題になったのが、岐阜県の各務原《かかみがはら》市だった。各務原市は岐阜県の南部、濃尾平野の北部にある人口約一五万人の市である。

愛知県との県境になっている木曾川がすぐ近くを流れ、豊かな地下水に恵まれた地域である。

この地域で硝酸性窒素による深刻な地下水汚染が確認されたのは、一九七〇年代半ばのことだった。汚染の状況を調査した報告によると、各務原市では一九七一〜一九七三年頃に市の北東部や北西部で大規模住宅団地開発が行われるようになり、水道使用量が急速に増加した。このため市は、上水道の拡張事業を急いで進めることになった。

同市の上水道水源はすべて地下水によってまかなわれていたのだが、その取水箇所はこれまで市の西側地区に集中していた。このため、大規模住宅団地開発の進む東側地区にも水源を設置し給水する計画が立てられ、一九七四年には水源井戸の掘削が始められた。しかし、掘削した井戸からくみ上げられた地下水からは、上水道の飲料適否基準の一リットル当たり一〇ミリグラムをはるかに超える同二七・五ミリグラムの硝酸性窒素が検出されたのだ。

当時の状況をまとめた報告はこう伝えている。

「この近くには民家の井戸もあり、汚染された地下水を利用している可能性もあります。市では市内全域の井戸分布を把握するための現地調査を行い440の井戸を確認しました。さらに『汚染がどの範囲に及んでいるのか』『高濃度汚染が西側の水源に及ぶ可能性はどうなのか』を検討するため、この400以上の井戸の水質を詳しく調べる事にしました。その結果、市東部の広範囲で高濃度となっていることが判明しました」

汚染の原因を解明するために設置された専門委員会の調査で、汚染の原因は一九七〇年代からこの地で盛んになったニンジン栽培のために行われた過剰な窒素肥料の使用であることがわかった。この地域のニンジンの栽培は、一ヵ所で夏と冬の二回、ニンジンを収穫する手法が一般的だった。各務原市のニンジン栽培に限った話ではないのだが、窒素肥料を与えれば与えるほど収穫が上がると考えられていた時期があり、各務原でも一〇アール当たり二五キロから場合によって三〇キロの窒素肥料が施肥されていた時期があったと考えられている。

一九八六年に市は地下水汚染問題の解決に向けて、多くの分野の専門家と市による新たな委員会を設置した。ここでは地下水汚染の将来予測、具体的な対策の提案とその実施が基本目標とされ、さらに、くわしい調査などが行われた。

市をあげて対策が検討された結果、ニンジンの品種改良や肥料の改善に加え、施肥方法の試行錯誤などが繰り返され、窒素肥料の施肥量を、収量を低下させることなく一〇アール当たり一二キロ程度にまで削減することができた。この結果、一リットル当たり三〇ミリグラムを超えることもあった硝酸性窒素の濃度は低下しはじめ、基準を超える井戸の数も徐々にではあるが少なくなっていった（図7－13）。

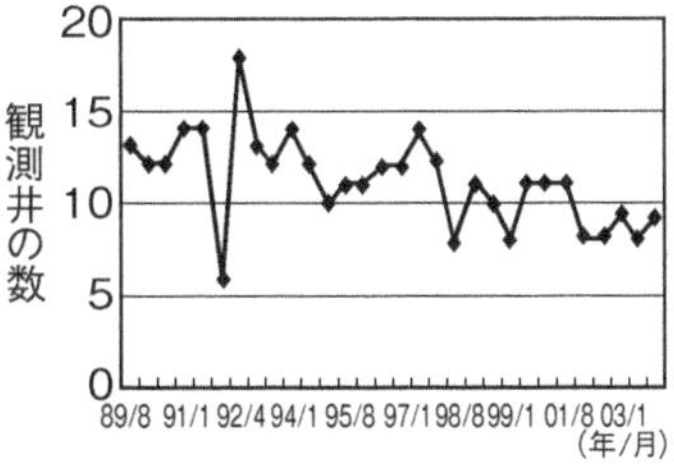


図7-13　各務原市の汚染井戸数の推移

各務原市に広がるニンジン畑

行政、農業者、研究者らが協力して対策に当たり、汚染の軽減に成功した各務原市の経験は、専門家からも「市民の生命と健康を守るためにも、詳細な調査を行い、それに学識経験者のサポート、そして行政が永年の努力をした結果、農業関係者の協力が得られたことが大きい」と評価されている。

だが、対策がとられた一九九四年から一〇年以上経った現在でも、依然として一部で高濃度の汚染が続き、基準を超過して、場合によっては一リットル当たり二〇ミリグラム近くの濃度の汚染が観測される井戸も残っている。先の図7－11からは農地に投入された窒素肥料のうち、二〇％近くが土壌中に残留していることがわかる。過去の大量の施肥によって、土壌中に大量の窒素分が残留しており、これが汚染源になっているのだ。一度汚してしまった地下水の水質改善が非常に困難なことは、有機溶剤汚染の場合と同じである。

対策という点では、硝酸性窒素による汚染のほうが、有機塩素系溶剤による汚染よりも困難なことが多い。トリクロロエチレンなどの有機溶剤の汚染の場合は、原因を作った企業や工場をピンポイントで特定できるケースが多く、責任の所在も明確になることが多かった。これに対して硝酸性窒素による汚染の場合は、原因が多数の農家や家庭などに及び、責任の所在も明確ではないので、対策を立てるのも非常に困難になる。このように汚染源をピンポイントで特定できない汚染は「ノンポイント汚染」と呼ばれる。生活排水による湖沼や河川、地下水の汚染は典型的なノンポイント汚染である。こうしたケースでの対策をどのように進め、誰がその費用を負担するのかは、非常に難しい問題である。

## ノンポイント汚染

有機塩素系溶剤による汚染の場合と同様に、硝酸性窒素による汚染でも工学的な対策技術の開発は進んでいる。汚染された井戸から水をくみ上げて、イオン交換樹脂や逆浸透膜といった水処理技術を応用して、硝酸性窒素を除去する技術などが開発され、すでにアメリカや日本で実用化されている。

最近注目されている対策技術は、ここでもやはりバイオレメディエーション、微生物を使って窒素を除去する手法だ。酸素の少ない環境で窒素をエネルギー源として利用している脱窒菌という土壌中の微生物を利用するのである。

この微生物は硝酸性窒素などを分解して、窒素ガスとして大気中に放出する。各務原市で実際に応用されたケースでは、汚染された地下水が流れている帯水層中に、生分解性プラスチックなどを使って脱窒菌が大量に繁殖できる環境をつくり、この中を地下水が透過するようにした。これはトリクロロエチレン対策のところでも紹介したバイオレメディエーション技術と、「透過性浄化壁」の工法を組み合わせたものである。微生物による脱窒を可能にするためには酸素が少ない環境をつくることが必要で、ここでは鉄の粉を還元剤として使って酸素の量を減らすことでこれを実現した。

実験は各務原市で一九九九年一二月から二〇〇三年一月にかけて行われた。直径一メートルの竪穴を深さ二三メートルまで掘り、地表から九メートルの深さまで、生分解性プラスチックや鉄粉、砕石などを入れて埋め戻した。地下水がこの浄化壁をゆっくりと透過するうちに、微生物によって硝酸性窒素分子中の窒素が窒素ガスとして大気中に放出され、きれいになった地下水が下流に出てゆくしくみだ。当時実験に立ち会った岐阜県環境管理技術センターの寺尾宏さんによると、実験開始から三年が経った二〇〇三年一月の監視井戸における硝酸性窒素の濃度は一リットル中一ミリグラムで、周辺の井戸水中の濃度の同一一ミリグラムよりもはるかに低く、九〇％以上の汚染除去効果が続いていることが確認された。実用化されれば、維持管理の手間や水処理のコストが小さい効率的な対策技術になると期待されている。

だが、これらの汚染除去技術が実用化されても、環境への窒素の負荷を根本的に減らすような取り組みがなされなければ、いたちごっこが繰り返されることになる。そのためには窒素肥料の施肥は適正量を心がけ、品種改良や栽培技術の改善によって植物の窒素利用効率を高めること、化学肥料の使用量を減らすと同時に、有機肥料の適正な使用を実現することなどが必要である。また、微生物の力を活用し、人間が大気中から固定した窒素分を再び大気中に戻す努力をすることも重要になる。硝酸性窒素による地下水汚染は、発展途上国などでも深刻化する傾向にあり、対策が急務になっている。

コラム

## バングラデシュのヒ素汚染

バングラデシュはインドの東、ガンジス川の河口に位置していて、人口は一億四〇〇〇万人以上を数える国だ。一九七一年に独立したこの国では一九九〇年代に入ってから、ヒ素による深刻な地下水汚染が明らかになった。ヒ素は古くは殺そ剤などにも使われ、人体にとって有害な物質だ。大量に摂取すると、皮膚の色素の異常や角化など独特の症状が現れ、呼吸器、消化器、泌尿器、循環器、神経など全身に中毒症状が出る。長期間の摂取によって肝臓がんなどの原因となることも知られている。

バングラデシュのヒ素汚染は、地層に存在するヒ素が地下水中に溶け込み、高濃度になった結果だと考えられている。汚染はバングラデシュだけでなくインドや中国の一部など、アジアの広い地域で深刻化している。地下水の調査などから、バングラデシュでは約三五〇〇万人もの人がヒ素で汚染された地下水を飲んでいることがわかり、大きな問題となった。なかには日本の水質基準の百倍以上という高濃度のヒ素を含んでいるケースも少なくない。

世界銀行によると、アジアと東アジアの約六〇〇〇万人もの人が、地下水のヒ素汚染地域に住んでいるという。世界保健機関（ＷＨＯ）などを中心とする国際協力で地下水のヒ素汚染対策事業が始まり、日本政府や日本の医学者や地下水の研究者、非政府組織（ＮＧＯ）も汚染の対策や実態調査に協力している。だが、地下水の代替となるはずの河川や深井戸の水が汚れていたり、地下水からのヒ素の除去が難しかったりと、対策が順調に進んでいるとはいえないのが実情で、国際協力の強化などが求められている。

第8章

# 地下水と人間の未来

これまでさまざまな角度から、地下水とはどのようなものなのかを見てきた。最後の章となる本章では、これからの人類と地下水のあり方を考えてみることにしたい。最初に取り上げるのは、世界的に深刻化している地下水の枯渇の問題である。

## 食糧問題と地下水

第6章では、地下水の過剰なくみ上げが原因で起こる地盤沈下の問題を紹介したが、同様に過剰なくみ上げによって起こる問題に、地下水の枯渇がある。これは、世界の淡水資源が不足しかねないという視点から見て、近年ますます大きな問題となってきている。

第1章で述べたように、世界の水資源使用量の約七〇%は、農業用水として使われている。地下水枯渇の大きな原因の一つが、農業用水としての地下水の浪費なのだ。この場合、問題になるのは、表流水によって比較的短時間で涵養される不圧地下水ではなく、地下の深い場所にある被圧地下水である。この問題はとくにアメリカや中国、インド、パキスタンなどの西アジアで深刻になっているのだが、それは近年、井戸の掘削技術が進歩したことで、以前なら到達できなかった深さの地下水が簡単にくみ上げられるようになったことと深く関連している。

なかでも深刻の度合いを強めているのが、第1章でも紹介した世界最大の穀倉地帯の一つ、アメリカのオガララ帯水層だ。日本よりも面積が広い巨大な帯水層であるにもかかわらず、長年にわたって大量の地下水をくみ上げてきたために、近年になってその枯渇が心配されるようになってきた。灌漑用の地下水取水は一九三〇年代から始まり、一九五〇年代までに年間約八六億三四〇〇万立方メートルの水を使用して、約一万四〇〇〇平方キロの農地が灌漑された。さらに一九八〇年までには灌漑農地面積は六万平方キロに、使用水量は二五九億立方メートルにまで増えたという。

現在、この帯水層の地下水使用量と涵養量の差は、年間で六〇〇〇万立方メートルを超えるとされる。この結果、地下水の枯渇が目立つようになり、テキサス州、オクラホマ州、カンザス州などでは場所によっては過去三〇年ほどの間に地下水位が平均一二メートル、最大で三〇メートルも低下した。多くの農家で井戸が枯渇し、一九七八～一九八八年までの一〇年間で耕地が一〇〇万ヘクタールも減少したことが報告されている。

また、近年ではこの地域で、地球温暖化との関連が指摘される干ばつの深刻化も懸念されていて、アメリカの農業にとっては大きな不安要素になっている。もちろん、この地域からの穀物を毎年、大量に輸入している日本にとっても、オガララ帯水層の不安はひとごとではない。

環境問題や食料問題にくわしいアメリカの環境思想家、レスター・ブラウン博士（写真）は、早くから地下水の過剰な利用が世界の食糧事情に与える影響に警鐘を鳴らしてきた人物だ。

ブラウン博士によると、地下水位の低下は中国やインドの穀倉地帯などでも近年、非常に深刻

レスター・ブラウン博士

になってきている。中国の華北平原では場所によっては年間二・五メートルというペースで地下水の水位が低下し、水不足が深刻になっている。インドのグジャラート州の地下水位はなんと年間六メートルという驚異的なペースで低下し、過去一〇年間で灌漑農地の面積が半減してしまったという。

パキスタン、イエメン、サウジアラビアなどの国々も、農業用水の大部分を化石地下水のくみ上げによる灌漑に頼っていることから、地下水位の低下が目立っている。いずれの国でも、掘られる井戸の深さがどんどん深くなっていて、地下水の枯渇に拍車をかけると同時に、農家の経営を圧迫する結果になっている。また過剰な灌漑によって、地下の塩分が大量に地上に取り出され、表面に堆積して農地が使えなくなる「土壌の塩類化」という現象も各地で発生し、放棄される農地が増えている。

ブラウン博士はこう警告している。「現在のような地下水の浪費を続けていては、やがて世界の穀物生産は減少し、深刻な食糧危機を招くことになる。すでにその兆しは各地で表面化しつつある」。そして、「地下水の過剰揚水は多くの国でほとんど同時に起きているため、帯水層の枯渇とそれに伴う収穫量の縮小も、ほぼ同時に起きるだろう。帯水層の枯渇が加速していることは、その日が早晩やってきて、対処できないほどの食糧不足に陥るかもしれないことを示唆している」とも指摘している。

## 飲み水としての地下水の重要性

食糧生産と並んで、いやそれ以上に地下水の枯渇が懸念される理由は、いうまでもなく、世界の多くの人にとって地下水が飲料水源としてなくてはならないものになっているからだ。

現在、多くの発展途上国できれいな水を飲めない人が多数存在し、この数は今後の人口増加によってさらに増えることが予想されている。国連などによると、日常的に安全な飲み水が得られない水不足人口は一〇億人に達する。これは、世界の六人に一人に当たる。現在の傾向が続くと、二〇二五年ごろにはこの人口は二七億人にまで増えると予測されている。

途上国だけではない。アメリカでは人口の半分以上、カナダでは四分の一の人々が飲料水を地下水に依存している。この比率はヨーロッパではさらに高くなり、実に七五%、つまり四人に三人が飲料水を地下水に依存しているのだ。

アジアの依存率は三二%とそれほど高くはないが（表8-1）、インドや中国、東南アジアなど人口の多い発展途上国が多数存在するため、地下水に飲料水を依存している人の数は一〇億人から二〇億人と非常に多くなる。世界全体では、六五億人に達した世界人口の少なくとも四分の

| 地域 | 割合(%) | 人口(100万人) |
|---|---|---|
| アジア | 32 | 1,000〜2,000 |
| ヨーロッパ | 75 | 200〜500 |
| 中南米 | 29 | 150 |
| アメリカ合衆国 | 51 | 135 |
| オーストラリア | 15 | 3 |
| アフリカ | データなし | データなし |
| 世界 | —— | 1,500〜2,750 |

表8-1　地下水に依存している人の割合(UNEPによる)

一の一五億人が、地下水を唯一の飲料水源にしていると推定されている。

二〇〇八年は、世界中で都市に住む人の数が、農村部に住む人の数を初めて上回った年だった。国連によると、現在の都市部の人口は約三三億人で、二〇五〇年には世界人口の三分の二に当たる六四億人、つまり現在の世界の人口に匹敵するだけの人間が都市で暮らすことになると予測されている。

アジアを中心に発展、拡大を続けるこれら世界の大都市に住む人々にとっても、地下水は貴重な水源である。国連によると、メキシコ市の二五八〇万人、インドのコルカタの一六五〇万人など、巨大都市の多くが水源を地下水に求めている(表8-2)。日本に住んでいると気づかないが、世界には水道水が飲用に適さない都市が非常に多い(218ページの表8-3)。これらを見ると、世界各地の都市部に暮らす人にとって、地下水がいかに重要かがわかるだろう。

都市部への人口集中が進めば、水の需要はさらに大幅に増える。一九五〇年に年間一三八二立方キロだった世界全体の取水量は、二〇〇〇年には三九七三立方キロとほぼ三倍に拡大し、人口の増加率を上回る伸びを見せた。二〇二五年にはこの量はさらに増えて、五二三五立方キロにまで達すると予想されている。今後の国際社会においては、いかに地下水を保全し、持続的に使っていくかが、世界の人々にとって死活問題となっていくことは明白だ（220ページの図8－4）。

## 地下水と衛生問題

当面の問題としては飲み水の不足以上に深刻なのが、発展途上国を中心とするサニテーションサービスの不足、つまり衛生的なトイレの不足という問題だ。

国連によると、現在、世界中で二五億人が衛生的なトイレを使えず、一二億人は毎日、野外で用を足しているという。サニテーションの問題は農村部だけでなく、多くの国で急速に拡大し、メガシティと呼ばれる都市部でも深刻だ。すでに述べたように、これらの地域では地下水が唯一の飲料水源になっているケースが非常に多いのだが、衛生的なトイレがなく、ごみの処理なども不十分なために細菌や窒素による地下水の汚染が深刻化している。

二〇〇一年から二〇〇六年にかけて国連環境計画な

| 都市 | 人数（100万人） |
|---|---|
| メキシコ | 25.8 |
| コルカタ | 16.5 |
| テヘラン | 13.6 |
| 上海 | 13.3 |
| ブエノスアイレス | 13.2 |
| ジャカルタ | 13.2 |
| ダッカ | 11.2 |
| マニラ | 11.1 |
| カイロ | 11.1 |
| バンコク | 10.7 |
| ロンドン | 10.5 |
| 北京 | 10.4 |

表8-2　世界の大都市の地下水に依存している人の数

○飲める　△飲まないほうがいい　×飲めない

| 都市名 | | 飲めない理由 | 都市名 | | 飲めない理由 |
|---|---|---|---|---|---|
| 東京 | ○ | | ルサカ | △ | 殺菌が不十分 |
| ソウル | △ | かなりの硬水 | マプート | × | 雑菌 |
| 北京 | △ | かなりの硬水 | ダルエスサラーム | × | 雑菌・肝炎ウイルス |
| マニラ | × | 雑菌 | アンタナナリブ | × | 雑菌 |
| ジャカルタ | × | 汚水・雑菌 | ワシントン | ○ | |
| クアラルンプール | △ | 殺菌不十分な時あり | ニューヨーク | ○ | |
| バンコク | × | 汚水・雑菌 | ロサンゼルス | ○ | |
| 香港 | △ | 鉄サビ・ゴミ | メキシコ | × | 雑菌 |
| シンガポール | ○ | | パナマ | ○ | 殺菌不十分な時あり |
| ダッカ | × | 汚水・雑菌 | カラカス | △ | 殺菌不十分な時あり |
| デリー | △ | 殺菌不十分な時あり | キト | × | 雑菌 |
| カルカッタ | × | 海水混入・雑菌 | サンタフェデボゴダ | × | 雑菌 |
| チェンナイ | × | 海水混入・雑菌 | サンティアゴ | × | 雑菌・かなりの硬水 |
| カラチ | × | 汚水・雑菌 | リマ | × | 雑菌・かなりの硬水 |
| バグダッド | × | 雑菌 | リオデジャネイロ | △ | 殺菌不十分な時あり |
| アンマン | ○ | | シドニー | ○ | |
| イスタンブール | △ | 雑菌 | ポートモレスビー | × | 雑菌 |
| ベイルート | ○ | | ローマ | △ | かなりの硬水 |
| アブダビ | △ | 雑菌・鉄サビ | パリ | △ | かなりの硬水 |
| カイロ | × | 雑菌・肝炎ウイルス | ロンドン | ○ | |
| ナイロビ | △ | 殺菌が不十分 | | | |

表8-3　世界主要都市の水道水（『からだに良い水悪い水』より）

どがケニアやセネガル、エチオピアなどアフリカの一一の国で行った調査では、多くの国で地下水一リットル当たり一〇〇〇ミリグラムを超える廃棄物由来の窒素や、大腸菌など細菌による汚染が進んでいて、なかには飲めなくなって放棄された井戸が多数ある地域も見つかった。一部では汚染された地下水を飲むことによる下痢やコレラ、チフスといった病気の蔓延も確認された。

二〇〇八年の一一月に、

サニテーションと地下水をテーマにドイツ・ハノーバーで開かれた国際シンポジウムで、国連環境計画（UNEP）の担当者は、地下水をうまく利用すれば衛生的なトイレをつくることも可能になると指摘した。たしかに手こぎポンプなどを使って上水道がない場所に地下水を使った水洗トイレをつくることができれば、途上国のサニテーションの問題の解決に貢献することができるはずだ。

安全な飲み水や適切なサニテーションサービスが得られない人の数を減らすことは、二〇〇〇年の国連総会で採択された、途上国の持続的な開発のための国際的な数値目標「ミレニアム開発目標」の一つでもある。

## 史上初の地下水条約

世界の人口増加と水資源不足が深刻になるにつれて、限られた水資源をめぐって国際紛争が激化することも懸念されている。水不足と人口増加、貧困が深刻なのは、中東や北アフリカ、インド・パキスタンなどの南アジア、サハラ砂漠以南のアフリカ諸国など、いずれも政情が不安定な地域だからだ。これらの地域には、複数の国にまたがって存在する大きな帯水層があり、地下水も紛争の対象となっている。一つの国がここから大量に地下水をくみ上げた結果、隣国での地下水の利用が困難になったりすれば、国際的な紛争の種になりかねない。近年、複数の国の地下に

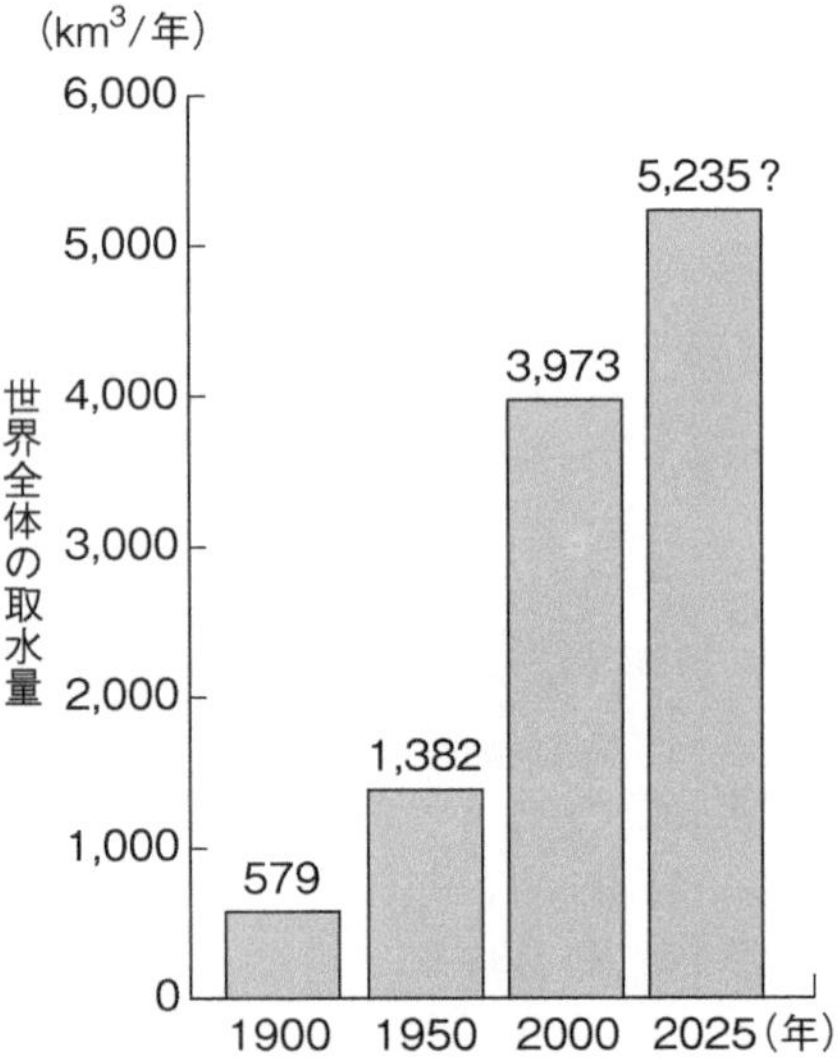


図8-4　世界全体の取水量の推移（国連による）

存在する地下水を国際的に管理する必要性が指摘されているのもこのためだ。

二〇〇八年秋、国連の委員会は、複数の国にまたがって存在する地下水をめぐる紛争を未然に防ぐ目的で、「国際地下水条約（仮称）」の原案をまとめた。一つの国だけが大量に地下水をくみ上げるなどの行為を慎み、汚染や枯渇を招かないよう国際協力や情報交換を促進することなどが主な内容で、歴史上初めての、地下水についての国際的な条約をめざしたものである。

条約案は、複数の国の地下にまたがって存在する帯水層中の地下水を対象とし、地下水利用に関する各国の権利を認める一方で、国際的な地下水の持続的で公平な利用や保全を関係国の義務と位置づけた。そのうえで「長期間にわたって地下水からの便益を享受できるように、将来世代の利益も考慮して、関係国が共同で包括的な利用計画を定める」として、具体的には、関係国間で定期的な情報交換を進め、大規模な取水など国際的な地下水に影響を与えるような活動を行う場合には、事前に関係国に通知し、他国が異議を申し立てた場合は、第三者機関などを設けて利害の調整を進めることなどを盛り込んだ。また、地下水に悪影響を与えるような活動をできるかぎりなくし、森林などの地下水を養い育てる生態系を守ることも、関係国の義務としている。

多くの国がこれに賛意を示しているが、一方では、「国際条約の制定は時期尚早だ」との意見も一部にあり、今後、交渉の進め方などに関して非公式協議を進めることになりそうだ。

パキスタンの井戸

また、国連教育科学文化機関（ユネスコ）は、国連の委員会による条約制定の取り組みに合わせ、世界の地下水資源の分布や利用状況を示した初の世界地図を作成した。

この地図は、規模の大きい地下の帯水層を淡水、塩水の別や、地上から地下への水の供給量や取水量などの大小に応じて、色分けして表示したもので、年間の供給量を超える過剰な取水が行われている場所なども示されている。

これによると、複数の国にまたがって存

在する帯水層は二七三ヵ所。このうち一五五ヵ所が欧州で、アジアは一二ヵ所、アフリカは三八ヵ所、南北アメリカが六八ヵ所となっている。過剰な取水が行われている場所は、西アジアや中東、北アフリカ、米国などに集中していた。ちなみに日本は、北海道、関東地方から富士山周辺、黒部川流域に比較的大規模な帯水層が存在するとされている。

この初めての世界地下水マップは、多くの示唆に富んでいる。ここでは、世界各地に存在する地下水資源の分布とともに、帯水層の深さや年間の涵養量の大小なども一つの地図にまとめられ、色分けして示されている。当然ながら日本には国境を越えてまたがる帯水層はなく、ほとんどが浅いものであることや、一年間に地下水が涵養される量は非常に多いことがわかる。日本と同様に比較的浅い帯水層が多いのは、アジアや北欧、北アメリカ大陸の東部から北東部にかけてである。

これに対して中南米やアフリカ南部、ヨーロッパからロシアにかけてのユーラシア大陸には、比較的深い帯水層が多い。年間の涵養量も比較的豊かで、アマゾン川やコンゴ川などの大河川からの涵養量が多いことも示されている。エバーグレーズなどの湿原地帯が多いことで知られるアメリカのフロリダ半島周辺なども同様だ。これらの地域は、地下水に恵まれた場所といえそうだ。

一方で、地下水は存在するが、年間の涵養量が「少ない」あるいは「非常に少ない」とされた場所があることも見てとれる。これらの中には、深い場所にあってほとんど涵養されていない「化石地下水」であると考えられる場所も少なくない。すでに紹介したアメリカの中西部から南西部にかけてのグレートプレーンズや、オーストラリアの大鑽井盆地、アラビア半島やアフリカ北部、「アフリカの角」と呼ばれるエチオピア周辺などがこれに当たる。そしてこれらは、過剰な地下水のくみ上げが行われている場所とも重なっているのである。

ユネスコはこれらのデータをもとに、各国の人口一人当たりの地下水涵養量を色分けして示した地図も公表した。人口が少ないオーストラリアを除き、グレートプレーンズやアフリカ北部、アラビア半島などでは、一人当たりの年間に涵養される地下水の量が極端に少なくなっている。また、地下水資源は比較的豊富でも人口増加が著しい中国やインド、パキスタンなどのアジア諸国も、一人当たりの地下水涵養量はとても少ないことがわかる。日本も人口が多いため、ここでは少ないほうの地域に色分けされている。

なお、本書ではこれらの地図を色分けしてお見せすることはできないので、一人当たりの地下水涵養量が少ない地域のみを抽出して、図8－5に示した（224ページ）。

ユネスコは「これらのデータをもとに、地下水資源の保全と適切な利用を進めてほしい」と各国政府に呼びかけている。

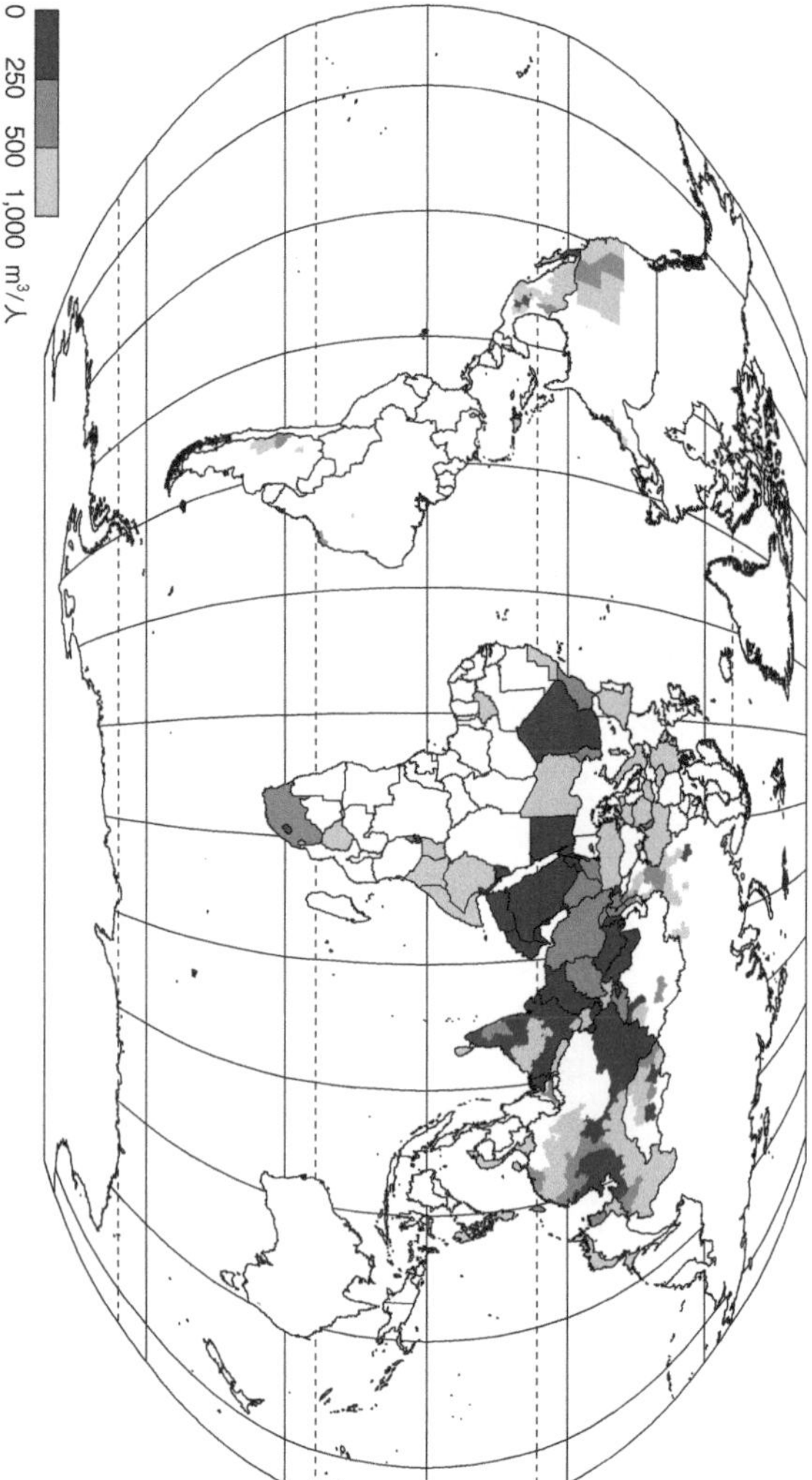


図8-5　一人当たりの地下水涵養量が少ない地域（ユネスコ作成の地図を改変）

## 地下水と地球温暖化

地下水を脅かすものとして、枯渇や汚染のほかに最近になって注目されはじめた新たな問題がある。地球温暖化が地下水に与える影響である。

大気中に人間が放出した温室効果ガスによって引き起こされる平均気温の上昇（温暖化）が、地球の生態系や気候に与える影響についてはさまざまな研究やシミュレーションが行われ、科学的な研究成果が積み重なってきた。だが、温暖化が地下水に与える影響についての研究は、まだ非常に少ない。

温暖化によって引き起こされる現象のなかで、地下水に最も大きな影響を与えるのは降水量の変化である。気候変動に関する政府間パネル（IPCC）の予測などでは、地球が温暖化すると、現在、雨が多い場所ではさらに降水量が多くなり、少ないところではさらに少なくなるとされている。また、集中豪雨や暴風雨も激しくなることが予測されている。

滞留時間が非常に長い、地下の深い場所にある地下水は別として、比較的浅い場所にある地下水の涵養量は、降水や河川の流量に大きく左右される。降水量が増えた場所では涵養量が増えて地下水が上昇し、降水量が減った場所では涵養量が減って地下水位が低下し、利用できる地下水の量は減少するというのが一般的な予測だ。二〇〇八年、アメリカのマサチューセッツ工科大学の研究グループは、温暖化をシミュレーションした結果に、テキサス州で行った地下水位のトレーサー実験などの実測データを加え、降水量の変化が地下水の涵養量に具体的にどう影響するかを調べた。その結論は、降水量が二〇％増えると涵養量は四〇％増加し、逆に降水量が二〇％減ると、涵養量は最大で七〇％も低下する可能性がある、というものだった。土壌の条件によっても大きく変わってくるので一概には言えないが、現在でも雨が少なく、地下水に多くを頼っている半乾燥・乾燥地帯では、温暖化によって降水量が減ると、地下水の利用が困難になる可能性を示す研究として注目されている。

ドイツの研究グループは、世界レベルで地球温暖化と地下水の涵養量の変化に関するコンピュータシミュレーションを行った。一九六一年から九〇年までの地下水の涵養量と、地球温暖化が進んだ二〇五〇年の涵養量との比較を行ったところ、ブラジル北西部やアフリカの南部、オーストラリアの西部、地中海の南部などで涵養量が七〇％以上と顕著な減少を見せ、逆に中国北部からシベリアにかけての地域やアメリカの西部、中東などでは三〇％以上増える、との結果を得た。温暖化によって世界の地下水の状況は大きく変化する可能性があることを示したもので、この研究成果は二〇〇七年のＩＰＣＣの報告書にも取り上げられている。

地下水の涵養量が増え、地下水位が上昇するのはよいことのように思えるが、ＩＰＣＣは都市部での水害や、土壌の塩類化が激しくなる可能性を指摘している。

温暖化が地下水に与える影響のなかで、すでに一部で顕在化しているものが、沿岸域の地下水の塩水化である。第3章で「淡水レンズ」という現象を紹介したが、この厚さは、海面より高い部分の厚さを一とするとその四〇倍になっている。これは、最初にこうした塩水と淡水の境界の問題を研究した研究者の名をとって、ガイベン・ヘルツベルグの法則と呼ばれている。

ところがこのことは、海面上昇によって海面より上の部分のレンズの厚さがわずかに減っただけで、海面下の淡水レンズの厚さが、その四〇倍も薄くなることを意味する。事実、インドの沿岸の小さな二つの島で、わずか一〇センチの海面上昇によって淡水レンズの厚さがそれぞれ八メートルと一五メートル薄くなったことが報告されている。

こうしてみると、地下水の枯渇や減少といった温暖化の影響は、乾燥地帯や離島など、ただでさえ淡水資源が乏しい地域で大きくなりやすいことがわかる。温暖化が地下水に与える影響の研究は、今後、ますます重要になってくるだろう。

## 変わる地下水環境

日本国内についてみても、地下水を取り巻く環境は、戦後の高度経済成長期を経て大きく変化した。地盤沈下の原因となった地下水のくみ上げや、汚染はその一例にすぎない。

地盤沈下対策として工場やビルなどの大規模施設による地下水くみ上げの規制は進んだが、最近では温泉施設や病院、ホテルやショッピングセンターなど、独自の水源を確保する必要がある施設を中心に、「自己水道」「個別利用水道」と呼ばれる形の地下水の利用が盛んになってきた。これらの施設にとって、水質が安定していて価格が安い地下水は、非常用水源としても大きな魅力である。背景には、小型でも深くまで達することができるポンプや濾過膜を利用した水質浄化装置などの開発がある。これらの施設は規制の対象外なので、現行の法律では規制はおろか、揚水の現状把握すらできていないのが実情だ。

巨大な地下室や地下街、地下鉄、下水管など地下空間に多くの構造物が建設されたことも、とくに都市部で地下水をめぐる環境を大きく変化させた。これらの施設を地下水の流れの中に造ると、施設内にどうしても地下水が漏れ出してくる。多くの場合、漏出してきた地下水を集めて排水しているのだが、これも地下水の流れに大きな変化を与えている。一九八三年のデータなのでかなり古い数字だが、都内に一〇本（当時）走っている地下鉄への漏水量は、年間約二〇〇〇万トンに上るとされている。これは決してばかにならない量である。

地下水の涵養量も、人間の活動によって大きく変化した。森林破壊はもちろんのこと、蛇行していた河川を直線化して三面をコンクリート張りにすること、地下構造物の建造や、路面のコンクリートやアスファルト舗装など、地下水の涵養量の減少を招く人為的な要因は数多い。

都市部でとくに見過ごせないのが、舗装道路の問題だ。土の道が普通だったころ、降った雨は

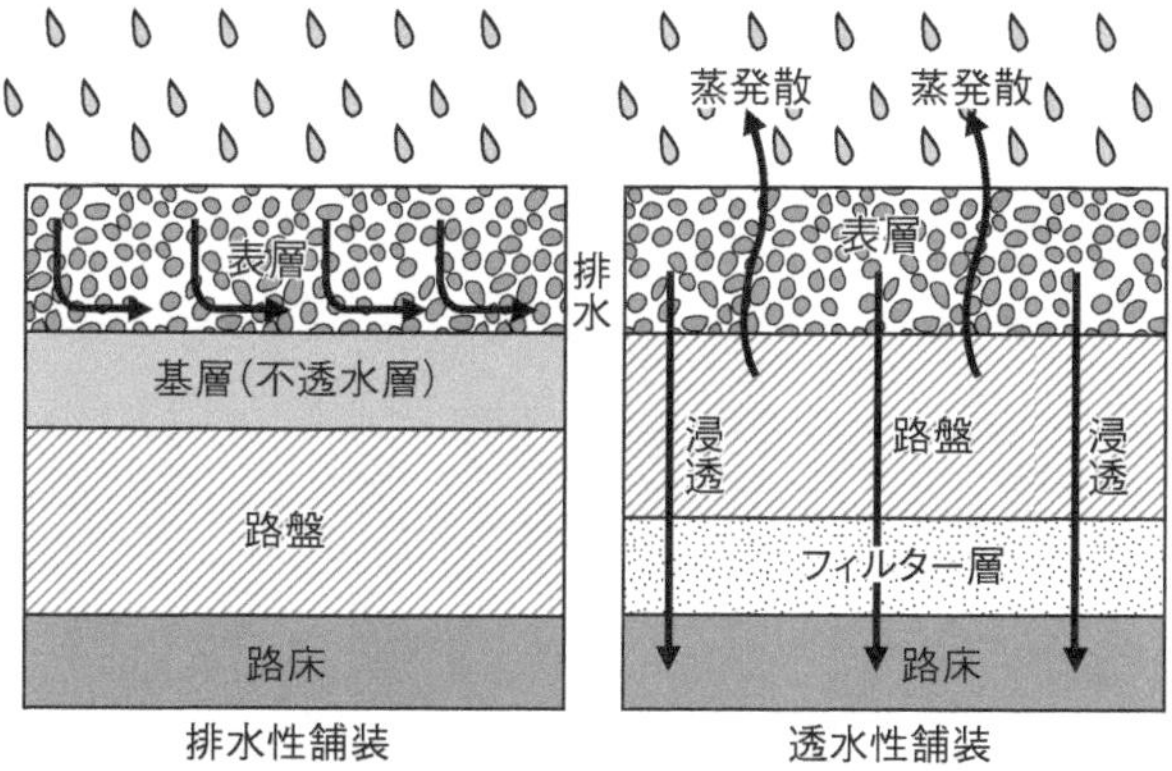


図8-6　**透水性舗装のしくみ**　透水性舗装では降雨は地下に浸透し地下水を涵養する

そこから地下にしみ込んで地下水を涵養していたが、いまや多くの道路がコンクリートやアスファルトで舗装されるようになった。そこに降った雨は地下に浸透することなく側溝や下水に流れ込み、あっという間に川を通じて海にまで達する。これは、地下水の涵養量を減らすだけでなく、ヒートアイランドの原因にもなる。昨今では都市部のゲリラ豪雨などの際には、急激な水位の上昇など、防災面での問題点も指摘されるようになってきた。

対策としては、庭先などで地下に埋めた容器の中に雨水を集め、徐々に地下に浸透させる「地下浸透マス」と呼ばれる装置や、地下への透水性を高めた透水性舗装（図8－6）、多孔質のパイプを地下に設置してこの中に雨水を流す浸透トレンチなどの技術が開発されている。自治体の中には、地下水の涵養量を増やすために、住民が浸透マスを設置する際に補助金を出すケースも増えている。

一方、かつては都市部の周辺にも多かった雑木林や里山が、開発や宅地の造成などによって急速に破壊され、これが地下水の涵養量を減らしたことも指摘されている。水田が広がる田園地帯は日本の原風景であり、固有の生態系と景観をつくり上げてきた。水田に引かれた用水は、地下水の涵養源でもあり、ダムの役割を担ってきた。だが、減反政策や放棄される水田が増えたことなどから、近年は水田による地下水の涵養量は大きく減少している。

地下水の枯渇が問題になる一方で、くみ上げ規制が進んだために浅い部分での地下水位が上昇し、低い地下水位を想定して建設された地下の構造物が浮き上がったり、漏出する地下水が増えたりといった問題も、東京や大阪などの大都市を中心に生じている。

## 地下水を守り、育てる

ここまで見てきたように、地下水をとりまく環境は決して良好なものとは言い難い。だが、その一方で、古くからある湧水や地下水の保全を地域レベルで進め、ときには地下水をテコにした地域おこしを進めようという運動も、各地で盛んになってきた。

本書でも繰り返し、豊かな地下水があることを紹介してきた熊本市でも、近年は市街化の進行や、湧水の涵養源になっていた水田の減少などによって涵養面積が減少し、地下水涵養量の減少が懸念されている。このため熊本市は、市内を流れる白川の上流部の自治体と地下水保全協定を結び、減反によって畑になった昔の水田への水張りに助成金を払うことを決め、また、水源となる森林地帯での新規造林などの事業を進めている。これは地下水の利用量を減らす、という従来の地下水保全策から一歩進んで、「地下水をつくり出す」「地下水を育てる」という積極的な施策への転換として専門家からも注目を集めている。

地下水を利用している企業でも、この取り組みに賛同して自社で農地を借りて稲を作ったり、山地を借りて植林することで地下水涵養に寄与する企業も出てきた。今後もこのような企業が増加していけば、企業が使用した分の地下水を水田の耕作で地下に戻し、見かけ上の地下水使用量をゼロにする、「地下水版ゼロ・エミッション」が実現するかもしれない。

豊かな湧水群をもつ静岡県三島市でも近年、過剰なくみ上げなどによる涵養量の減少が原因とみられる枯渇や地盤沈下、湧出量の減少、さらには有害物質による地下水の汚染が報告されている。

同市は高度経済成長期に、天然記念物に指定された庭園の池の湧水が枯渇するなどの深刻な事態に見舞われた。このとき市民が中心になって復活計画が持ち上がり、ごみ捨て場のようになっていた湧水の復元や、そこに自生する水生植物の移植、休耕田を借りたホタルの里づくりなどの事業が進められた。市内の地下水位が一九八九年から一九九六年にかけて三・五メートルも低下したとの指摘もあったことから、市も、間伐材を有効利用して丸太を積み上げた「小さなダム」をつくり、森林の水源涵養機能を高める「森の小さなダムづくり事業」や、町中にせせらぎを復活させる「街中がせせらぎ事業」などを推進し、森林の地下水涵養力を増やす試みを進めている。

秋田県東南部にある美郷町の六郷地区は、奥羽山脈に源を持つ丸子川によって形成された扇状地で、湧水に恵まれた地域だった。住民はこの湧水を飲み水とするだけでなく、野菜を洗い、洗濯をし、天然の冷蔵庫としても活用してきた。湧水や井戸水を利用して、サイダーなどの清涼飲料水づくりや酒造なども盛んに行われていた。公共水道が整備されていないので、住民はいまでも自家用のホームポンプで水をくみ上げ、飲料水や生活用水などに利用している。

だが、かつては「百清水」といわれたこの六郷の湧水群も、湧水量は減少傾向にあり、なかには枯渇するものも出てきた。そのため、秋田大学の肥田登名誉教授らの研究者が中心になって、この地域での地下水の流動や涵養の状況をくわしく調査し、その結果をもとに人工涵養施設として涵養水田の設置や涵養池、涵養側溝の設置、熱利用施設の排水の強制浸透などの対策を実施した。この地域では、この豊かな湧水を活用した市街地の活性化事業も進めていて、町中には湧水と縁のあるレストランや食堂、売店、観光施設、湧水をめぐる散策道路などが整備され、湧水が町づくりに一役買っている。

宮古島の地下ダム

沖縄県の宮古島には、河川や湖などの水資源がなく、農業用水や生活用水のすべてを地下水に依存している。これはこの島に標高の高い山や森が少なく、平坦な地形であることと関連している。宮古島の表面は水を透しやすい石灰岩に覆われていて、その下部には水を透しにくい難透水層がドーム状に形成されている。そのため浸透した雨水は、この境界面を滑るように流れて周囲の海に落ちていってしまうのだ。島の海岸部には湧水が滝のように落下している場所が何ヵ所もある。この海に流れ落ちていく地下水を、地中で堰き止めて農業用水に利用しようと考えられたのが、地下ダムである。ここに大量の地下水が存在している。

宮古島は雨が多く、年間の降水量は二〇〇〇ミリを超える。しかも表面の土壌は透水性が非常に高いので、地下に流れ込む水の量は降水量の四〇％にもなるとされ、全国平均の二三・三％を大きく上回る。本来なら、この島の人々が水のことなどを心配する必要はなかった。

ところが、硝酸性窒素による深刻な地下水汚染に見舞われ、住民は大きな問題に直面することになった。原因は特産のサトウキビ畑で大量に使用された窒素肥料と、畜産業から出る家畜の糞尿、それに生活排水由来の窒素が加わった。単位面積当たりの施肥量はそんなに多くなかったが、肥料が使われる時期が八月から一二月の間に集中し、しかも速効性の高い肥料が多かったために、植物に利用されなかった窒素によって地下水の汚染が深刻化したと考えられている。一九六六年に一リットル当たり平均二ミリグラムだった硝酸性窒素の濃度が、八〇年代末には同八ミリグラムにまで上昇し、地下水が飲めなくなる懸念が高まった。

そのため宮古島では、施肥方法の見直しや肥料の改良、畜産からの糞や生活排水中の窒素分を肥料に利用して化学肥料の使用量を減らし、全体としての窒素の負荷を減らす、といったさまざまな対策が取られるようになり、硝酸性窒素の濃度も低下傾向にある。

この取り組みのなかで宮古島では地下水保全への関心が高まり、水道水源保護条例が制定された。この条例は島内のすべての水資源や水源を一括して管理し、さまざまな用途の中で飲料水を最も重要な用途として位置づけるというユニークな内容になっていることで知られている。実際の活動も、高校生による水質の調査や硝酸性窒素汚染の啓発のためのCDの制作、水祭りや湧水めぐり、湧水に着目したエコツーリズムの推進など、非常に多彩だ。高校生による湧水中の硝酸性窒素の分析や湧水保全への取り組みは、二〇〇四年にスウェーデンの国際会議でストックホルム青少年水大賞を受賞するなど、国際的にも評価されるまでになった。

これらの自治体の取り組みは、ほんの一例に過ぎない。環境省は「湧水保全ポータルサイト」というインターネットのホームページを開設し、北海道から沖縄まで全国各地のさまざまな湧水保全活動を紹介している。古くからの湧水の周囲を「ふきだし公園」として整備し、海外からの観光客も来るようになったという北海道京極町の例、湧水やそれを取り巻く里山などの環境を保全するための条例を制定し、「湧水フィールドミュージアム事業」を進めている東京都日野市の例など、先進的な自治体の取り組みがくわしく紹介されている。

## 地下水は誰のものか

地下水の適切な利用と保全を具体的に考えていくと直面するのが、「地下水は誰のものか」という問いである。

日本の民法では、基本的に土地の所有権は地上から地下にまで及ぶので、私有地の下にある地下水は土地の所有者のものということになる。これは「私水説」と呼ばれる考え方で、理論的には、自分の土地の下にある地下水はくみ上げ放題というわけだ。だが、これが地下水の過剰なくみ上げにつながり、深刻な地盤沈下を招いたことはすでにくわしく述べた。地盤沈下対策としてくみ上げ規制などを行うようになるまではさまざまな議論が続いたのだが、現在では「公共の利益」のために「私権」に一定の制限が加えられたと見ることができる。

だが、やがて「私水説」とはまったく違う考え方が芽生えてきた。地下水は河川の水と同様に流動しているのだから、その恩恵は土地の所有者だけでなく、関連するすべての人が享受すべきだ、との主張である。これは「公水説」と呼ばれる。

地下水問題にくわしい長瀬和雄さん（元神奈川県温泉地学研究所所長）は「近年ではシミュレーションなどにより地下水涵養地域から流出地域まで地下水流動機構が数量的に解明できるようになって、地下水がその地下水流域すべての人々の共有物であり、その利用にあたっては地球四六億年の歴史を考えると人間と共存するすべての生物への配慮も必要であると解されるようになってきた。つまり、地下水は水循環の過程にあるので、その利用は地下水流域の住民の合意にもとづき、その地域に生息するすべての生きものへの配慮のうえで利用されるべきものであると考えられるようになってきた」と指摘している。

欧米では、過去一〇年ほどの間に地下水なるものの法的な位置づけについてさまざまな議論がなされてきたが、いまでは「地下水公水論」が有力になりつつあり、地下水を社会の「コモンズ（共有財産）」として扱おうという議論が盛んになっている。日本ではいくつかの判例はあるものの、まだこの考えが定着するには至っていないが、これまで紹介してきたことからも明らかなように、地下水を点、あるいは井戸の下の何メートルという「線」としてとらえるだけでは不十分で、地下水の涵養源となる集水域までを含めた流域レベルを「面」として、総合的、ダイナミックに考えることが必要になっている。第6章で紹介した「地下水盆」の考え方もその一例だ。

誰もが自由にアクセスできる共有地のような財産は、きちんとした管理を行わないと、誰もが自分が得る利益を最大にしようとするため、どんどんだめになってしまうという。アメリカの生態学者、ギャレット・ハーディンはこれを「コモンズの悲劇」と呼んでいる。きちんとした管理がなされないまま、枯渇や汚染が深刻化している地下水にもこの「コモンズの悲劇」が起こっているようだ。

「私水」「公水」という法理論的なことはともかくとして、いま必要なのは、地下水にかかわる多くの関係者が参加して議論するような体制づくりではないだろうか。安全でおいしい地下水はただでは得られない。地下水から利益を得る人が、応分の費用負担をするしくみもつくる必要がある。実際に一部の自治体ではそのような取り組みが進んでいて、宮古島の水源保護条例もその一例だ。最も進んだ地下水資源の管理が行われているともいわれる神奈川県秦野市は、丹沢からの地下水に多くを依存している。同市では、これまで個人的な所有物と考えられてきた地下水を、市民の共有財産、つまりは「公水」と考え、そこから利益を得る人は、そのための費用をきちんと負担しよう、との考えにもとづいた先進的な政策をとっている。たとえば、地下水の大口利用者である企業と協定を結び、揚水量に比例した額の協力金を徴収して、その収入を地下水の涵養増進などの保全対策にあてるという制度である。このような政策は、市民が地下水の問題をみずからの問題として考えるきっかけをつくるものとしても、注目に値する。

## 「水循環」の考え方

地下水も河川や湖沼の水と同じく、「流域」という広い範囲でとらえるべきだという考え方はこれまでにも紹介したが、それとともにもう一つ重要なのが、地球上をめぐる水の循環の一部として地下水というものをとらえる「水循環」の考え方だ。

環境庁（当時）が一九九八年にまとめた「環境保全上健全な水循環に関する基本認識及び施策の展開について」という文書がある。その冒頭には、「自然の水循環系とそれに果たす地下水の役割」について、次のような注目すべき見解が示されている。

「河川水や湖沼水は土壌水を介して地下水とつながりを有しており、我が国のような自然環境下においては、地下水は、量的にみて流域の水循環の中の主要な構成要素のひとつとなっている。また、量的な面のみならず、質的な面においても地下水流動は、土壌を通じた自然の浸透過程における浄化作用という重要な役割を担っている」

そして、今後の政策において重要な問題として、こう指摘する。

「水循環は先に見たように上流域から海に至る下流域という面的な広がりのみならず、地表水と地下水を結ぶ立体的な広がりを有する。環境保全上健全な水循環を目指していく際には、単に問題の生じている箇所のみに着目するのではなく、流域の面的な広がりと、三次元的なつながりを意識しつつ、特に地下水に着目した場合、地下水涵養域及び地下水流出域毎にきめ細かな対応と相互の連携強化が必要である」

役人が書いた生硬な文章ではあるが、この指摘は正しい。地下水のことだけを考えていても、地下水は守れないのである。

だが、縦割り行政を常とする国の政策では、残念ながらこのような議論を行う場はないし、その根拠となる法律もない。専門家の中には「地下水法」の必要性を指摘する人もいる。地下水に関する水質の基準や、土壌汚染の防止や対策に関する法律はあるものの、地下水を汚染や過剰なくみ上げから守るための法律は存在しない、また、地下水という貴重な資源の位置づけや、保全と利用の責任の分担なども不明確なままだからである。

地上に降った雨や雪が、ゆっくりと土にしみ込んで地下水となる。地下水は、地下を流れる間に浄化され、さまざまなミネラル分などを溶かし込んでゆく。湧き水や井戸水の形で人間に利用された地下水は、やがて河川などを経て海に流れ込み、再び、雨や雪となって地上に降り注ぐ。本書で何度か紹介してきた水の循環と、そのなかでの地下水の姿である。

この地球上の大きな水循環のなかで、地下水を涵養する河川域や森林のあるべき姿や、降雨や降雪の形を大きく変えかねない地球温暖化の問題、そして利用や処理など私たちの地下水への接し方について考える姿勢が不可欠であることは、ここまで本書におつきあいいただいた読者なら理解していただけるだろう。

ちょっと注意してみれば、身の回りにも昔から人々に親しまれてきた湧水が存在することに気づくはずだ。これからは、当たり前のようにペットボトルの水や水道水を口にするときに少しだけ、地球上を循環する水のことや、足もとの地面の下をゆっくりと流れる地下水の姿にも思いをいたしていただきたい。地域の共有財産でもある地下水をきちんと保全し、持続的に利用していくための取り組みは、私たち一人一人が目に見えない地下水というものを意識し、理解しようとすることから始まるのである。

コラム

# 二酸化炭素の地下貯留

深刻化する地球温暖化対策の切り札の一つとして注目されているのが、工場や発電所から出る二酸化炭素を回収し、地下や海底下に閉じ込めてしまおうという、二酸化炭素回収・地下貯留（CCS）と呼ばれる技術だ。

低コストかつ少ないエネルギー消費でこれが実用化できるかどうかは未知数だが、もし実現すれば、地球上に大量に存在するエネルギー源でありながら、二酸化炭素の排出量が石油や天然ガスより多いために利用拡大に批判の声が強い石炭を活用することも可能になってくる。すでに北欧やカナダなどでは実用化のための大規模な実験が進むなど、多くの先進国が本格的な研究開発に乗り出した。二〇〇八年の北海道洞爺湖サミットでも温暖化対策としてCCSの重要性が確認され、各国が協力して技術開発を進めることになった。

ところで、このCCSの研究開発には、地下水の研究が深くかかわっている。回収した二酸化炭素を地下に貯留する場所として有力視されている透水層が、被圧地下水が存在するのと似た地下構造になっているからだ。

貯留方法としては、掘り抜き井戸のように難透水層を突き破ってその下の透水層にまでパイプを設置し、隙間が多い透水層の中に回収した二酸化炭素を高圧で注入する、という方法が提案されている。せっかく注入してもすぐに地上に出てきてしまっては意味がないので、二酸化炭素が安定して存在できる場所を探したり、注入した二酸化炭素の挙動を監視したりする技術の開発などが重要となり、多くの地下水学者がこの問題に取り組んでいる。

## あとがき

「地下水の科学について、一般の方向けにわかりやすい本をまとめたいのだが」という知り合いの日本地下水学会のメンバーからの依頼を受けて引き受けたのが本書の執筆だった。いまから二五年近く前、駆け出しの記者だったころに、トリクロロエチレンなどによる地下水汚染の取材をしたこともあり、地下水問題には興味をひかれる点も多かったので、取りまとめ役をお引き受けした次第である。やがて送られてきた大量の論文や資料を読みながら、自分の取材も加えて一冊の本に仕上げるという作業だった。大量の資料の中には専門的な論文も多く、非常に興味深いものが多かったのだが、「できるかぎりわかりやすい本を」というのが当初からの趣旨だったので、本書では専門的な研究にまで深く踏み込むことはできなかった。紙数の関係で取り上げられなかったものも多く、せっかくいただいた情報を十分、生かし切れなかったことをおわびする。

環境問題を取材する日々のなかで感じることは、世界あるいは地域の共有財産、つまり「コモンズ」というものを、きちんと管理してゆくことがいかに重要かということだ。地球温暖化問題は、「大気」「気候」というコモンズの管理の失敗だとも言えるし、減少が続くマグロなどの公海の漁業資源管理の失敗は典型的な「コモンズの悲劇」である。最終章で指摘したように、地下水も人類にとっての共有財産、「コモンズ」であると言える。欧米の地下水に関する論文などを読んでいると「コモンズとしての地下水」という表現をしばしば目にする。地下水の広域的な管理の手法を確立し、持続可能な利用を進めることは、水問題以外の環境問題などを考えるうえでも非常に重要なものになる、というのが今回の作業を終えての思いである。

ちょっと古いデータではあるが、内閣府が一九九九年に行った水に関する世論調査の中に、地下水に関する認識を調べた例がある。

地下水についてどのようなことを知っているかを複数回答で聞いたところ「夏は冷たく冬は暖かい水である」を挙げた人の割合が五九・四%と最も高く、以下「いったん汚染されると回復には長い時間がかかる」（四七%）「化学物質などによる地下水汚染がみられる」（三八・四%）、「地下水の過剰採取が地盤沈下や塩水化などの障害を引き起こしている地域がある」（二六%）、「都市化に伴い湧き水が枯れている事例がみられる」（二四・一%）などの順になっていた。

この五年前の一九九四年に行った同様の調査結果では「夏は冷たく冬は暖かい水である」は七〇・二%、「化学物質などによる地下水汚染がみられる」が四三・九%、「地下水の過剰採取が地盤沈下や塩水化などの障害を引き起こしている地域がある」が四二・四%、「都市化に伴い湧き水が枯れている事例がみられる」が二七・七%だったのと比べ、いずれの数字も低下している。

二〇〇七年に東京都が都民に対して行った世論調査では、回答者に、東京の水辺環境をよくするために、東京都に力を入れてほしい取り組みを聞いた。その結果、「工場や事業所に対する排水基準の規制を強化する」が五八％と最も多く、次いで「自然のままの水辺を守る」の四六％だったのに対し、「地下への雨水浸透を促進し、地下水を保全する」は三五％、「湧水を保全する」は二一％にとどまった。これだけの調査で結論を出すのは早計ではあるが、地下水に関する一般の人々の認識の度は、どうみても高いとは言えそうにない。

本書を通じて一般の方々の地下水への理解が少しでも深まれば、大きな喜びである。「わかりやすさ」を第一としたために、科学的には厳密でない部分や、私の思い込みによる不正確な部分も多々あるのではないかと危惧している。読みやすさを重視したこともあって、参照した数多くの論文などについては、巻末にまとめて掲げることで原著者のご理解を請うことにした。これらの大量の論文や関連の書物からの情報なしには、この本を完成させることはできなかった。厳しい状況のなかで、数々の貴重な成果を積み重ねてきた多くの地下水の研究者や技術者に敬意を表したい。出版に際しては講談社ブルーバックス編集部の山岸浩史さんに大変お世話になった。また、学会の関連で、本書の企画・編集に携わった関係者は次の方々である。今井久、今村聡、小沢恵理子、鎌形香子、五藤幸晴、島野安雄、白鳥寿一、竹田信、寺尾宏、前川統一郎、深田園子、三家本史郎、村田正敏、藪崎志穂、横山尚秀、吉村雅仁（敬称、肩書略）。末筆ながら皆さんにお礼を申し上げる。

井田徹治

## 日本地下水学会市民コミュニケーション委員会について

この委員会は、一般の方々に地下水について興味や関心を持っていただき、きれいな地下水をいつまでも保ち続けていけるようにとの願いのもと活動をしています。日本地下水学会のホームページにある市民コミュニケーション委員会のコーナーには「**と**も**り**どそう**き**れいな**地**下水委員会」（通称**とりきち**委員会）と記されています。また、「地下水に関する学術的なお問い合わせ」では、一般の方々から地下水に関する質問をお受けしてお答えしています。

このほか、地下水についての基礎知識をやさしく解説した「地下水ってなぁに」、日々のニュースから地下水に関するものを紹介している「地下水余話」、地下水にまつわる興味深い話を綴った「コラム」、日本の各地の湧水を学術的に紹介した「日本の湧水」、一般の人に年に一度、実際に湧水に接してもらってその様子を記録する「湧水めぐり」、地下水に関する学協会へリンクできる「リンク集」などのコーナーがあります。

本書を読まれて地下水に関心を持たれ、さらに深く知りたくなったという方は、どうぞお気軽に当委員会へお問い合わせください。

ホームページは http://www.jagh.jp/jp/g/activities/torikich/ です。

# 付録 名水百選ガイド

## 北海道・東北

❶ようていのふきだしゆうすい（北海道虻田郡） 山に降った雨や雪が数十年かけて浸透し湧出
❷かんろせんすい（北海道利尻郡） 百選の最北端。周辺は「森百選」に選ばれた自然休養林
❸ないべつがわゆうすい（北海道千歳市） 川の流域に縄文時代のウサクマイ遺跡群がある
❹とみたのしつこ（青森県弘前市） 江戸時代に弘前藩主が紙漉きに利用したのが始まり
❺いがみのしつこ（青森県平川市） 征夷大将軍坂上田村麿が夢のお告げ通りに掘ったという
❻りゅうせんどうちていこのみず（岩手県下閉伊郡） 国際食品品評会で３年連続金賞
❼かなざわしみず（岩手県八幡平市） 岩手山麓７ヵ所で湧き出し７つの頭の竜などの伝説が
❽かつらはしみず（宮城県栗原市） 市民に「かつらっぱ」と親しまれこの水でご飯を炊く人も
❾ひろせがわ（宮城県仙台市） 仙台市のシンボル的な河川。歩いて渡れるほど浅瀬が多い
❿ろくごうゆうすいぐん（秋田県仙北郡） 湧水にしか棲まない絶滅危惧種のトゲウオが生息
⓫ちからみず（秋田県湯沢市） 昔の殿様が「体に力がつく水だ」と愛用したのが名の由来
⓬がっさんさんろくゆうすいぐん（山形県月山市） 月山の万年雪が解け400年かけて湧出
⓭おみがわ（山形県東根市） 上流域にトゲウオが棲むほか，養殖されたマスは市の特産品
⓮ばんだいにしさんろくゆうすいぐん（福島県耶麻郡） 大規模な雨乞いが行われた記録あり
⓯おのがわゆうすい（福島県耶麻郡） 磐梯朝日国立公園内にある。古来，修行僧の霊水に

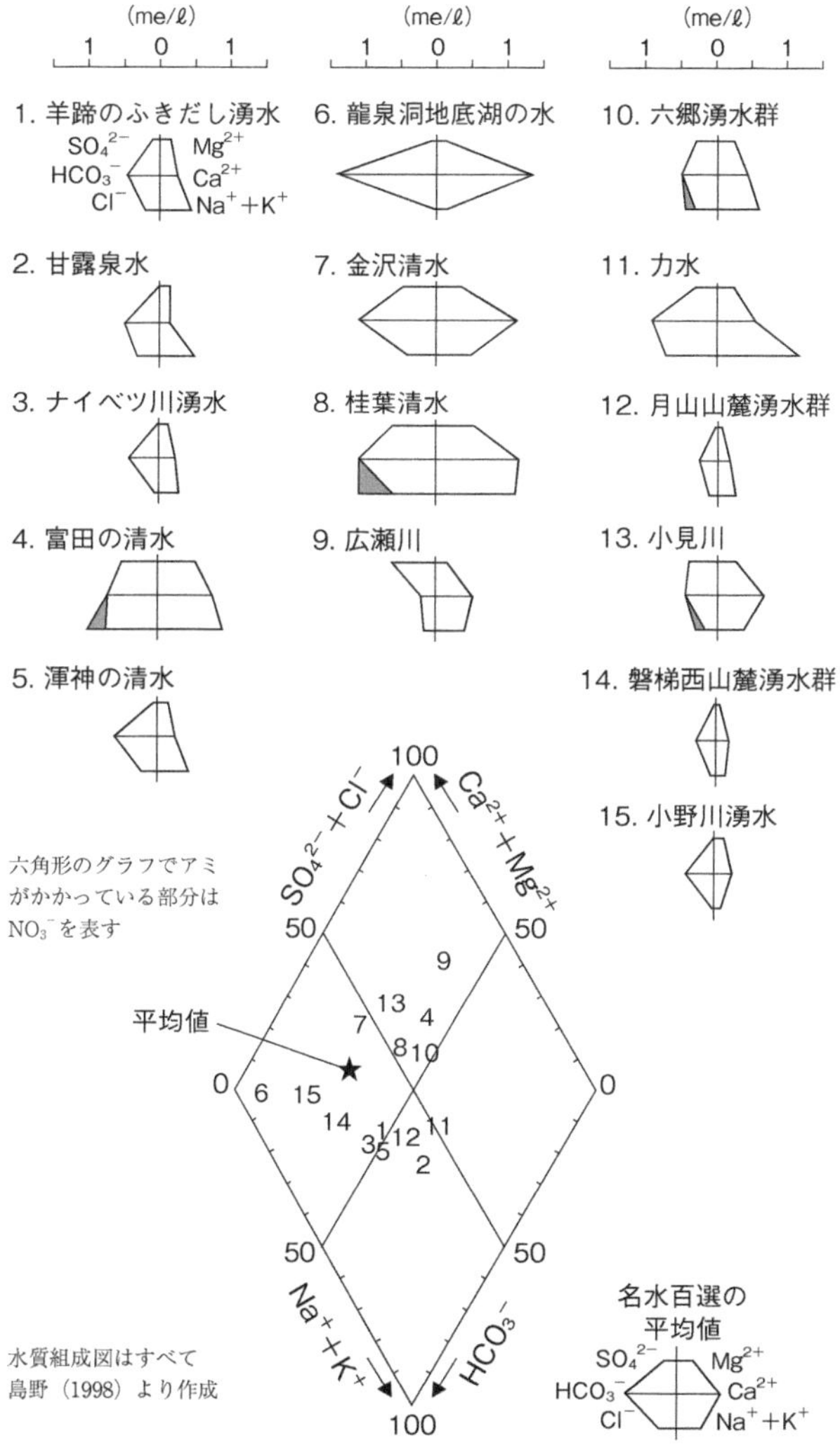

(me/ℓ)
1 0 1
1. 羊蹄のふきだし湧水
SO4 2− Mg2+
HCO3− Ca2+
Cl− Na+＋K+
2. 甘露泉水
3. ナイベツ川湧水
4. 富田の清水
5. 渾神の清水
6. 龍泉洞地底湖の水
7. 金沢清水
8. 桂葉清水
9. 広瀬川
10. 六郷湧水群
11. 力水
12. 月山山麓湧水群
13. 小見川
14. 磐梯西山麓湧水群
15. 小野川湧水
六角形のグラフでアミがかかっている部分はNO3−を表す
平均値
SO4 2−＋Cl−
Ca2+＋Mg2+
Na+＋K+
HCO3−
100
50
0
名水百選の平均値
水質組成図はすべて島野（1998）より作成

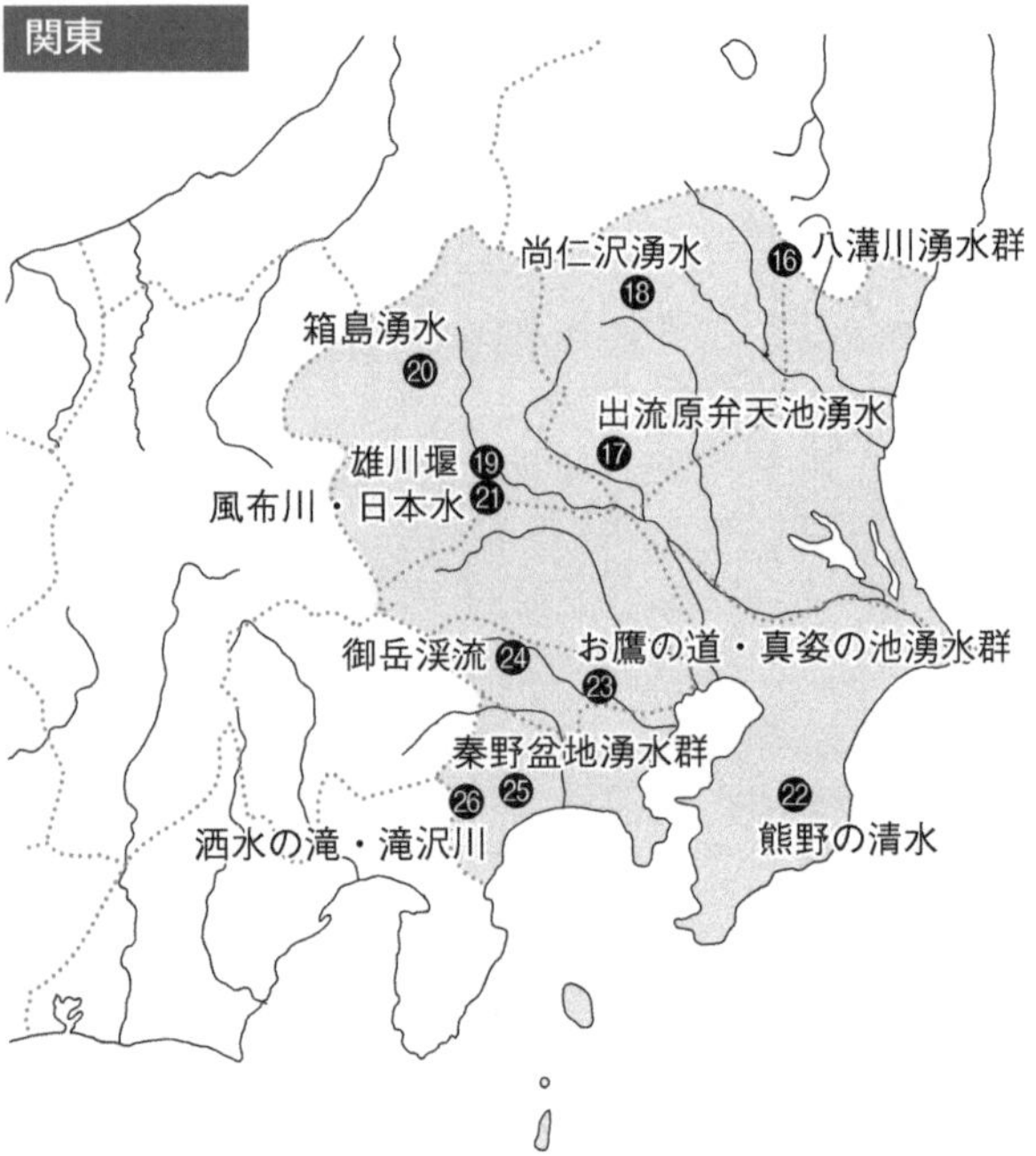


⑯やみぞがわゆうすいぐん（茨城県久慈郡） 8つに分かれる谷を見て弘法大師が「八溝」と名づけたという
⑰いずるはらべんてんいけゆうすい（栃木県佐野市） 出流川の源。庭園やボート場に利用され親しまれる
⑱しょうじんざわゆうすい（栃木県塩谷郡） 奈良時代に山岳仏教の信者たちが身を清めた
⑲おがわぜき（群馬県甘楽郡） 織田信長の二男・信雄がこの土地を治めたときに整備した
⑳はこしまゆうすい（群馬県吾妻郡） 樹齢500年ともいわれる大杉の根元から湧き出る
㉑ふうっぷがわ・やまとみず（埼玉県大里郡） 日本武尊が剣を岩に刺すと湧き出たとの伝説
㉒ゆやのしみず（千葉県長生郡） 弘法大師が水不足に苦しむ農民を見て出させたとの伝説
㉓おたかのみち・ますがたのいけゆうすいぐん（東京都国分寺市） 尾張徳川家の御鷹場。絶世の美女が病を癒した伝説も
㉔みたけけいりゅう（東京都青梅市） 遊歩道が約4kmも。カヌーのメッカとしても有名
㉕はだのぼんちゆうすいぐん（神奈川県秦野市） 水への意識が高い市民に守られる。弘法大師伝説あり
㉖しゃすいのたき・たきざわがわ（神奈川県足柄上郡） 鎌倉時代の名僧・文覚上人が滝に100日打たれたという

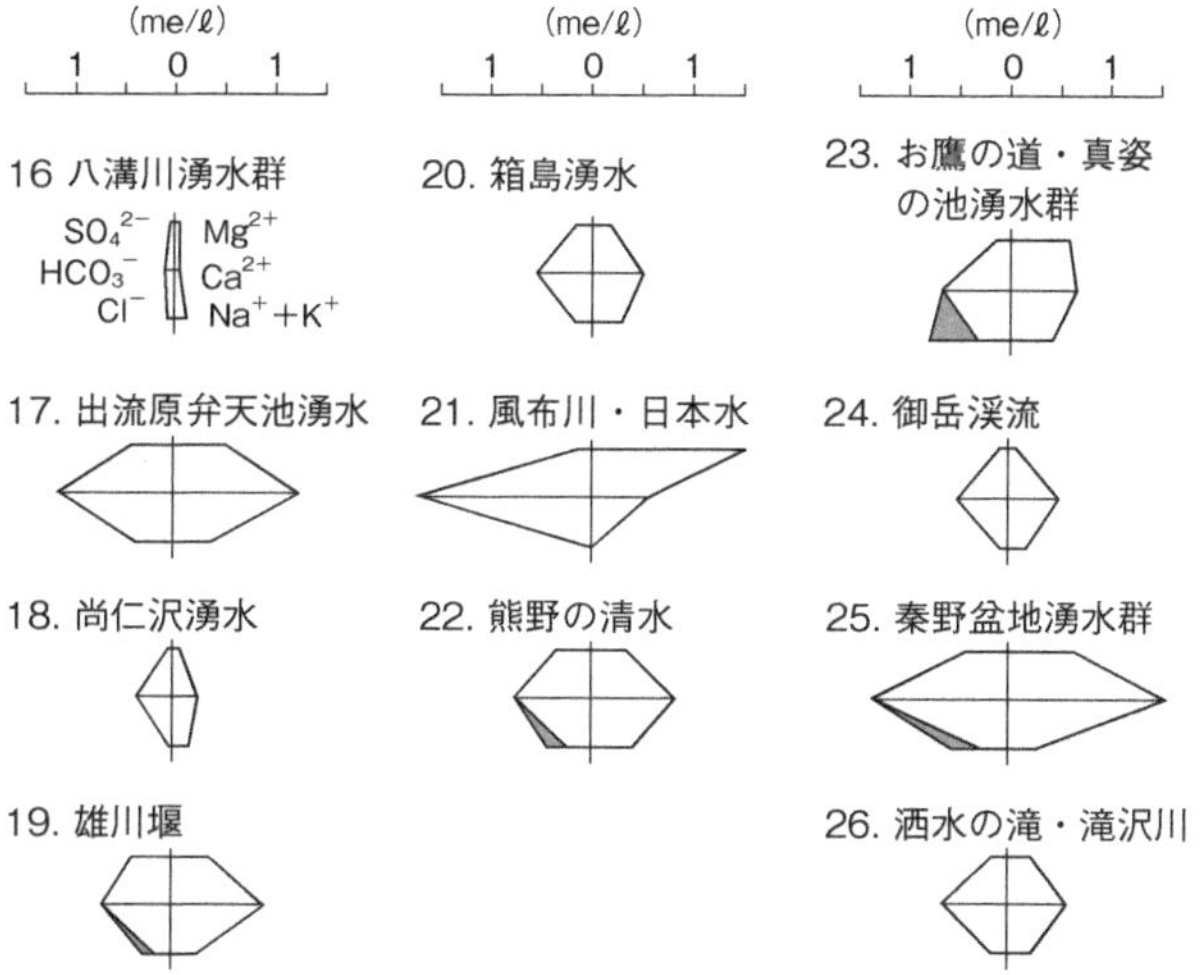
(me/ℓ)
1 0 1
16 八溝川湧水群
SO4 2−
HCO3 −
Cl−
Mg2+
Ca2+
Na+ +K+
20. 箱島湧水
23. お鷹の道・真姿の池湧水群
17. 出流原弁天池湧水
21. 風布川・日本水
24. 御岳渓流
18. 尚仁沢湧水
22. 熊野の清水
25. 秦野盆地湧水群
19. 雄川堰
26. 洒水の滝・滝沢川

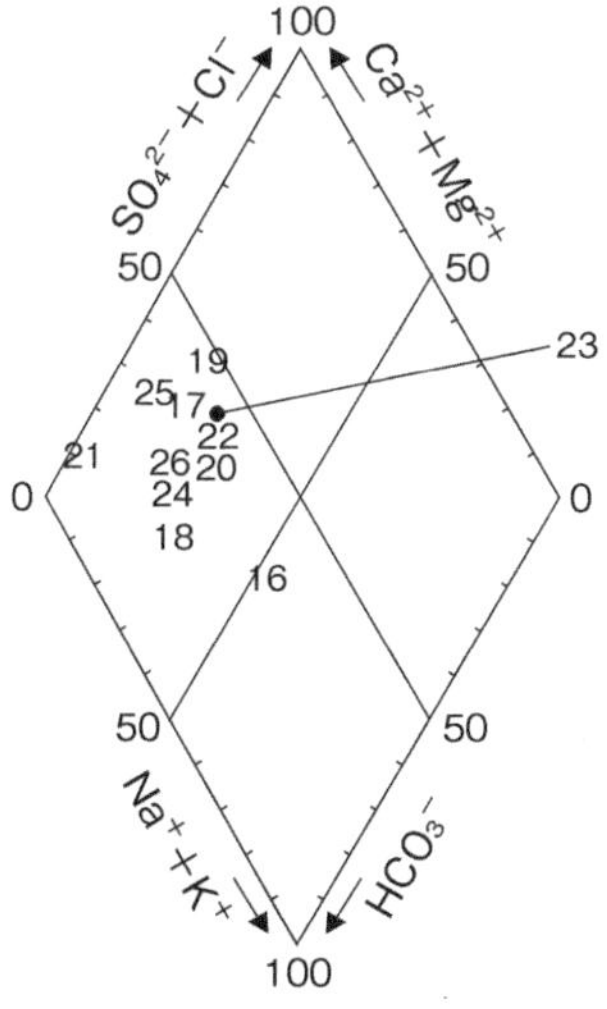
100
SO4 2− +Cl−
Ca2+ +Mg2+
50
50
23
19
25
17
22
21
26
20
24
18
0
0
16
50
50
Na+ +K+
HCO3 −
100

## 北陸

㉗りゅうがくぼのみず(新潟県中魚沼郡) ミネラル含有量，硬度，水温など非常に良質な水

㉘とどのもりゆうすい(新潟県長岡市) 生活用水のほかニシキゴイの養殖にも。鳥類も多数生息

㉙くろべがわせんじょうちゆうすいぐん(富山県黒部市) 点在する共同洗い場は古くから人々の生活の支えに

㉚あなんたんのれいすい(富山県中新川郡) 観音堂の薬師如来像から尽きることない湧水

㉛たてやまたまどののゆうすい(富山県中新川郡) 一説には250年地中に埋まっていた水とも

㉜うりわりしょうず(富山県砺波市) その冷たさに瓜が自然に裂けたという言い伝えが

㉝こうぼういけのみず(石川県白山市) 弘法大師が親切な老婆への恩返しに出したとの伝説がある

㉞こわしゅうど(石川県輪島市) 「子には清水(しゅうど)，大人には酒になる」が名の由来

㉟みたらしいけ(石川県七尾市) 聖武天皇の皇太子が眼病の治療に使ったといわれる

㊱うりわりのたき(福井県三方上中郡) 夏でも浸けた瓜が割れるほど冷たいのが名の由来

㊲おしょうず(福井県大野市) かつては越前大野城主の飯米を炊くのに使われていた

㊳うのせ(福井県小浜市) 毎年3月2日，奈良東大寺に水を送る「お水送り」の行事

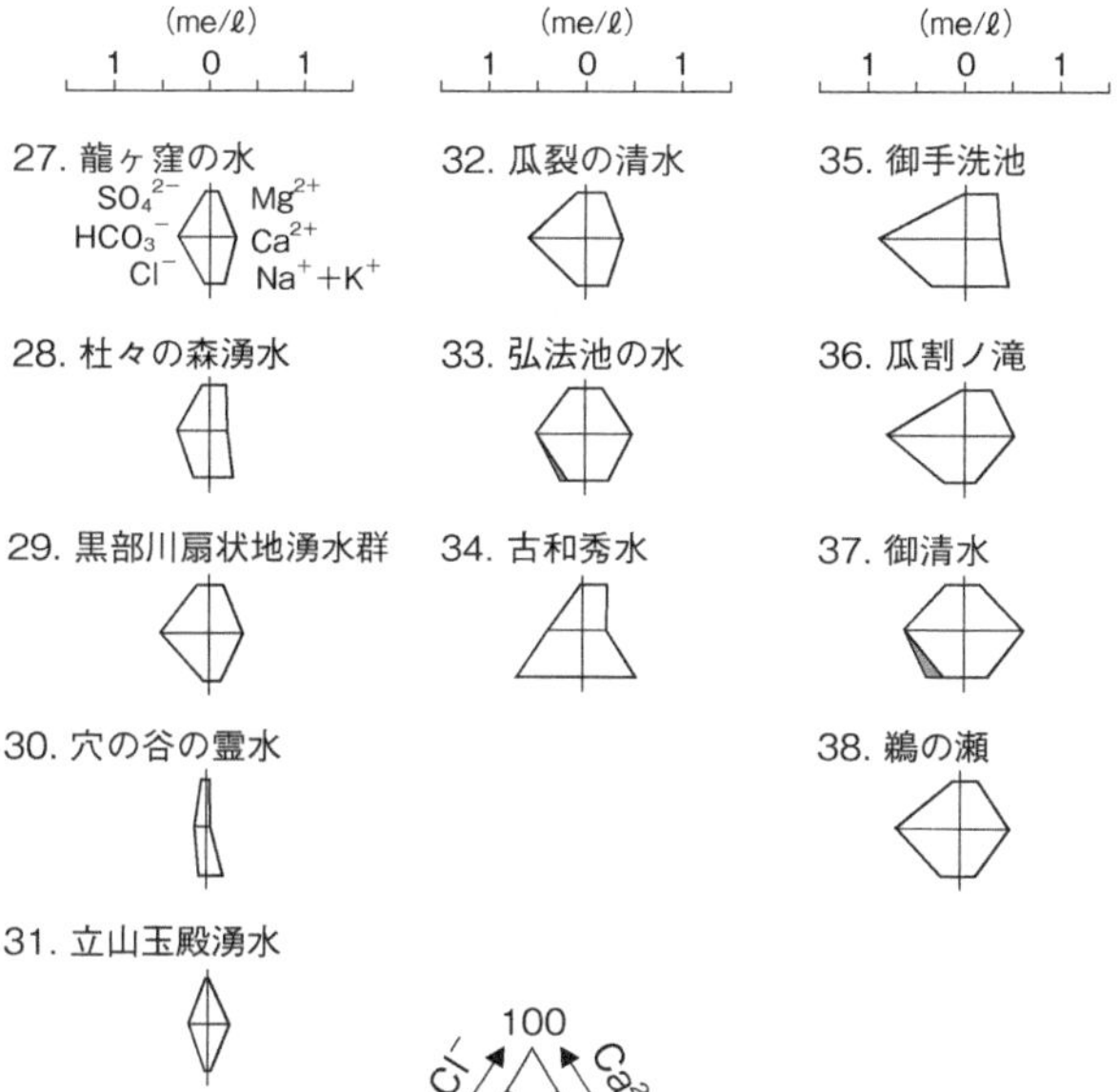
(me/ℓ)
1 0 1
27. 龍ヶ窪の水
$SO_4^{2-}$ $Mg^{2+}$
$HCO_3^-$ $Ca^{2+}$
$Cl^-$ $Na^+ + K^+$
28. 杜々の森湧水
29. 黒部川扇状地湧水群
30. 穴の谷の霊水
31. 立山玉殿湧水
32. 瓜裂の清水
33. 弘法池の水
34. 古和秀水
35. 御手洗池
36. 瓜割ノ滝
37. 御清水
38. 鵜の瀬

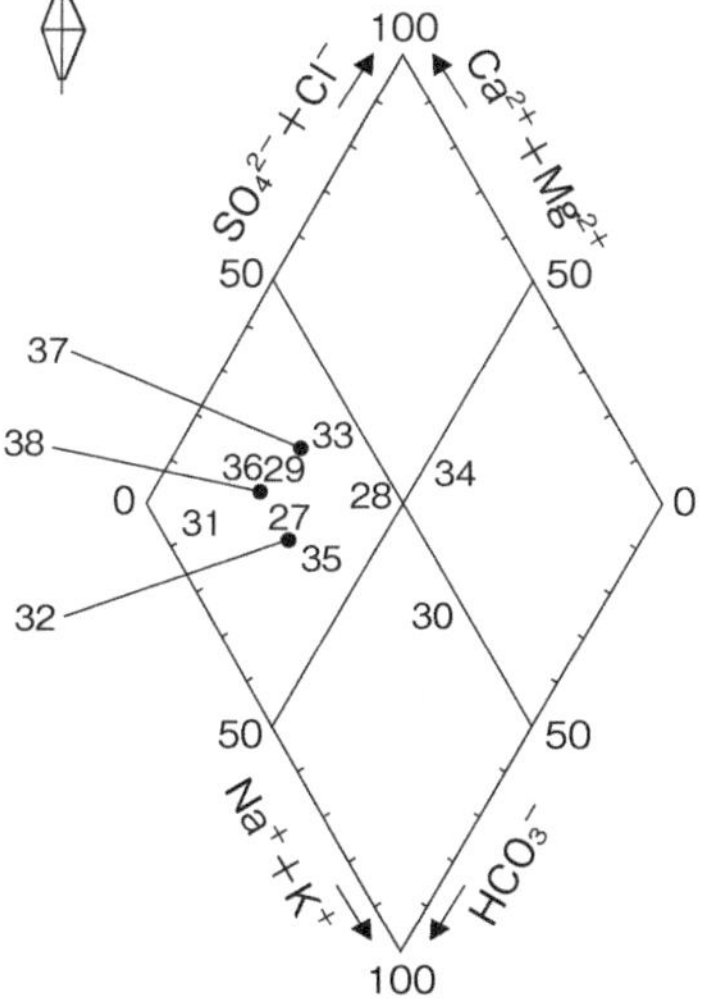
100
$SO_4^{2-} + Cl^-$
$Ca^{2+} + Mg^{2+}$
50
50
37
38
33
3629
0
31
27
28
34
0
35
32
30
50
50
$Na^+ + K^+$
$HCO_3^-$
100

㊴ おしのはっかい（山梨県南都留郡） 富士山の雨や雪が数十年後に湧出。国の天然記念物

㊵ やつがたけなんろくこうげんゆうすいぐん（山梨県北杜市） 富士山，甲斐駒ヶ岳を一望できる景観に多くの湧水が

㊶ はくしゅう・おじらがわ（山梨県北杜市） 善悪を見抜く尾の白い神馬が棲むとの伝説

㊷ さるくらのいずみ（長野県飯田市） 江戸時代から茶の湯に適した水として知られる

㊸ あづみのわさびだゆうすいぐん（長野県安曇野市） 有数のワサビ栽培地。排水でニジマスを養殖する循環利用

㊹ ひめかわげんりゅうゆうすい（長野県北安曇郡） 多量の湧水がそのまま川の源流となる全国でも珍しい例

㊺ そうぎすい（岐阜県郡上市） 室町時代の連歌師・飯尾宗祇がこの地に庵を結び，愛用

㊻ ながらがわ（岐阜県美濃市，関市，岐阜市） 中流域の3市を貫く一級河川。鵜飼も有名

㊼ ようろうのたき・きくすいせん（岐阜県養老郡） 奈良時代，木こりが老父にこの水を飲ませたところ若返ったという伝説を聞いた元正天皇が命名し，元号も「養老」に改元した

㊽ かきたがわゆうすいぐん（静岡県駿東郡） 8500年前の富士山爆発以降，雨や雪解け水が三島溶岩流の間を流下して湧出。水量がきわめて多く水質も良好で「東洋一の湧水」とも

㊾ きそがわ（愛知県犬山市） 名古屋の上水道源。急流，河床などが特異な風景をなす

㊿ ちしゃくようすい（三重県四日市市） 汚れた水が自治会や子供たちの努力でみごと浄化

51 えりはらのみずあな（三重県志摩市） 天照大神がここに隠れたという天の岩戸伝説が

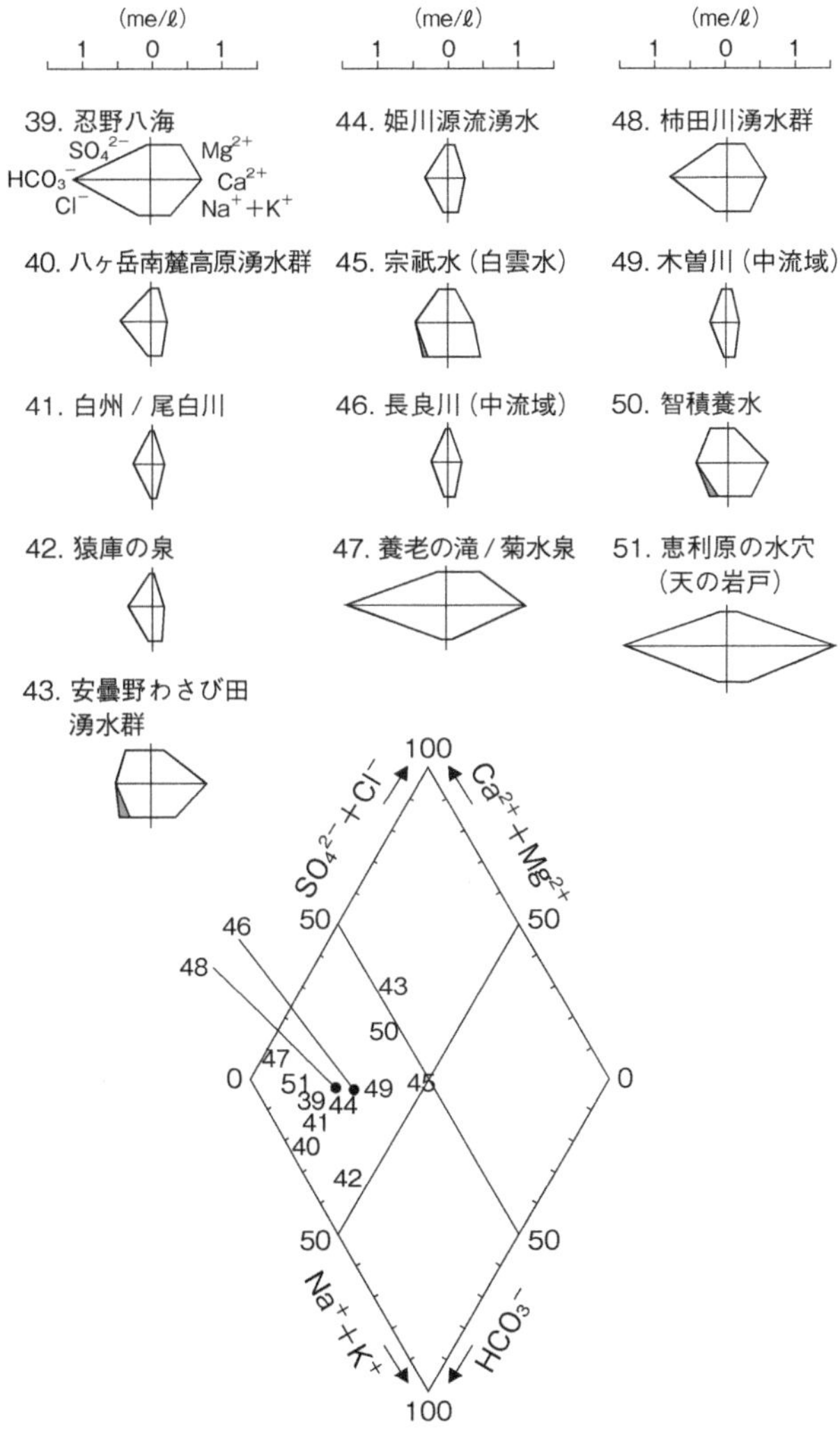
(me/ℓ)
1 0 1
39. 忍野八海
$SO_4^{2-}$
$Mg^{2+}$
$HCO_3^-$
$Ca^{2+}$
$Cl^-$
$Na^+ + K^+$
40. 八ヶ岳南麓高原湧水群
41. 白州 / 尾白川
42. 猿庫の泉
43. 安曇野わさび田湧水群
44. 姫川源流湧水
45. 宗祇水（白雲水）
46. 長良川（中流域）
47. 養老の滝 / 菊水泉
48. 柿田川湧水群
49. 木曽川（中流域）
50. 智積養水
51. 恵利原の水穴（天の岩戸）
100
$SO_4^{2-} + Cl^-$
$Ca^{2+} + Mg^{2+}$
50
0
$Na^+ + K^+$
$HCO_3^-$

## 近畿

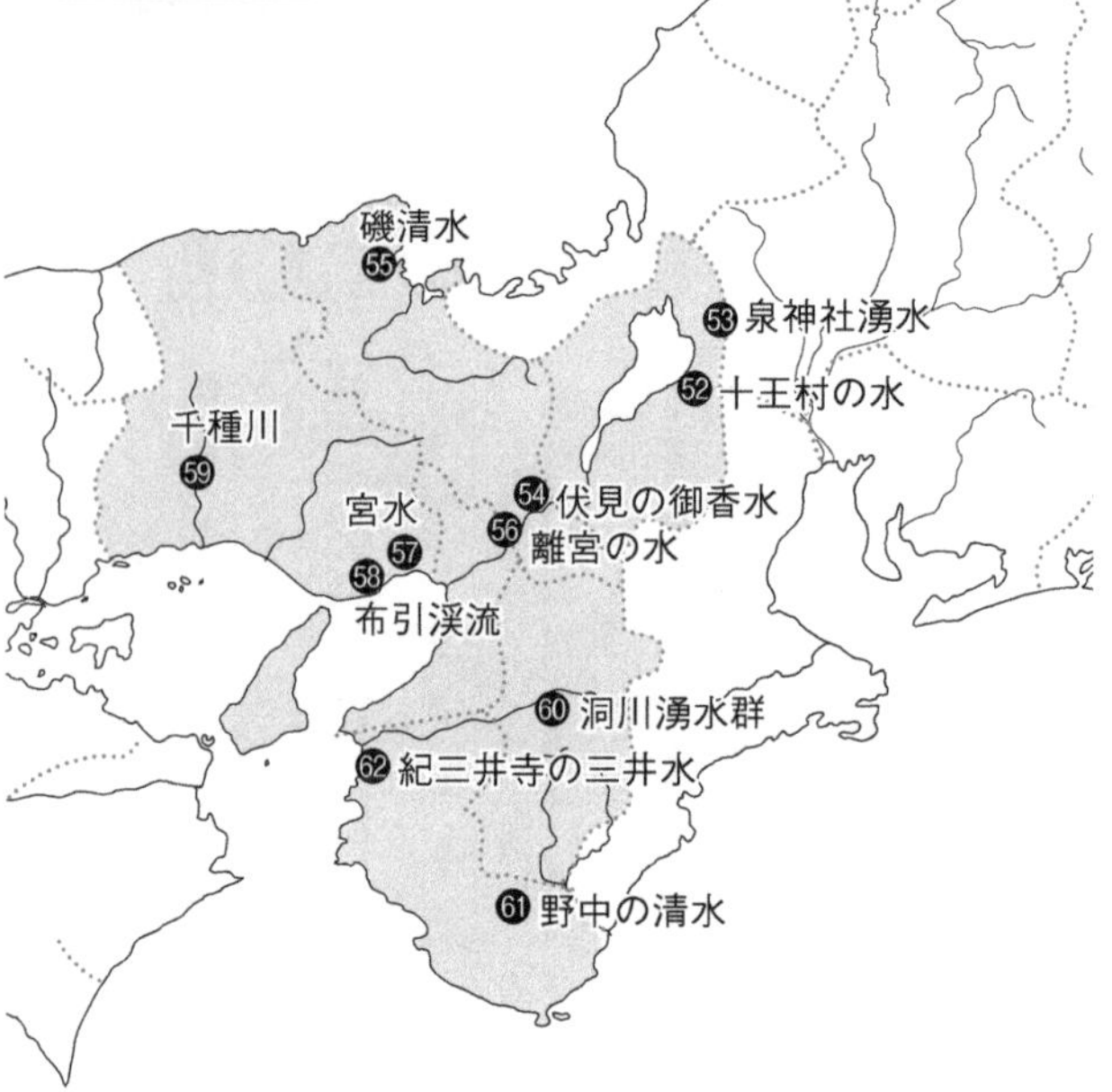


52 じゅうおうむらのみず（滋賀県彦根市） この水で布を晒すと上質の布になったという

53 いずみじんじゃゆうすい（滋賀県米原市） 天智天皇のとき湧出，日本武尊の伝説なども

54 ふしみのごこうすい（京都府京都市） 疲労困憊した諸国行脚の猿曳きに猿がこの水を飲ませたら元気になったとの言い伝えあり

55 いそしみず（京都府宮津市） 四面を海水に囲まれながら塩水を一切含まない不思議な水

56 りきゅうのみず（大阪府三島郡） 後鳥羽上皇造営の水無瀬離宮にあり神聖な水とされる

57 みやみず（兵庫県西宮市） 硬度が高く，燐が多く鉄分を含まない酒造りに適した水

58 ぬのびきけいりゅう（兵庫県神戸市） 「腐らなくてうまいコウベウォーター」と評判に

59 ちくさがわ（兵庫県宍粟市） 人工改変度が少なく美しい景観。キャンプ場なども整備

60 どろがわゆうすいぐん（奈良県吉野郡） 川底が溶食されたカルスト地形のため，水がごろごろと音をたてて流れることから「ごろごろ水」の名がある

61 のなかのしみず（和歌山県田辺市） 歌に詠まれ，江戸時代初期から名所として知られる

62 きみいでらのさんせいすい（和歌山県和歌山市） 西国巡礼二番札所，紀三井寺の井戸水

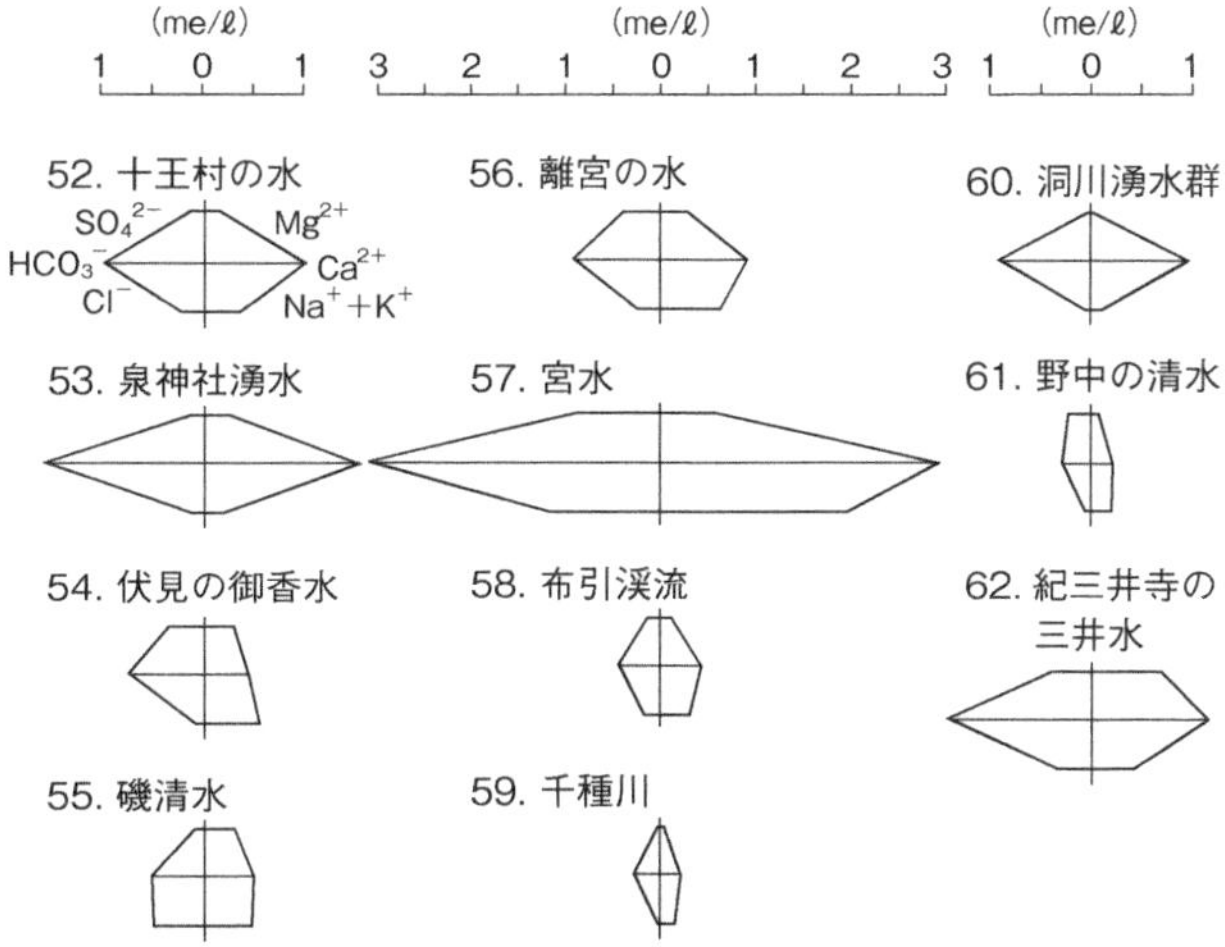

(me/ℓ)
1 0 1
(me/ℓ)
3 2 1 0 1 2 3
(me/ℓ)
1 0 1
52. 十王村の水
SO4 2−
Mg2+
HCO3−
Ca2+
Cl−
Na+ +K+
56. 離宮の水
60. 洞川湧水群
53. 泉神社湧水
57. 宮水
61. 野中の清水
54. 伏見の御香水
58. 布引渓流
62. 紀三井寺の三井水
55. 磯清水
59. 千種川


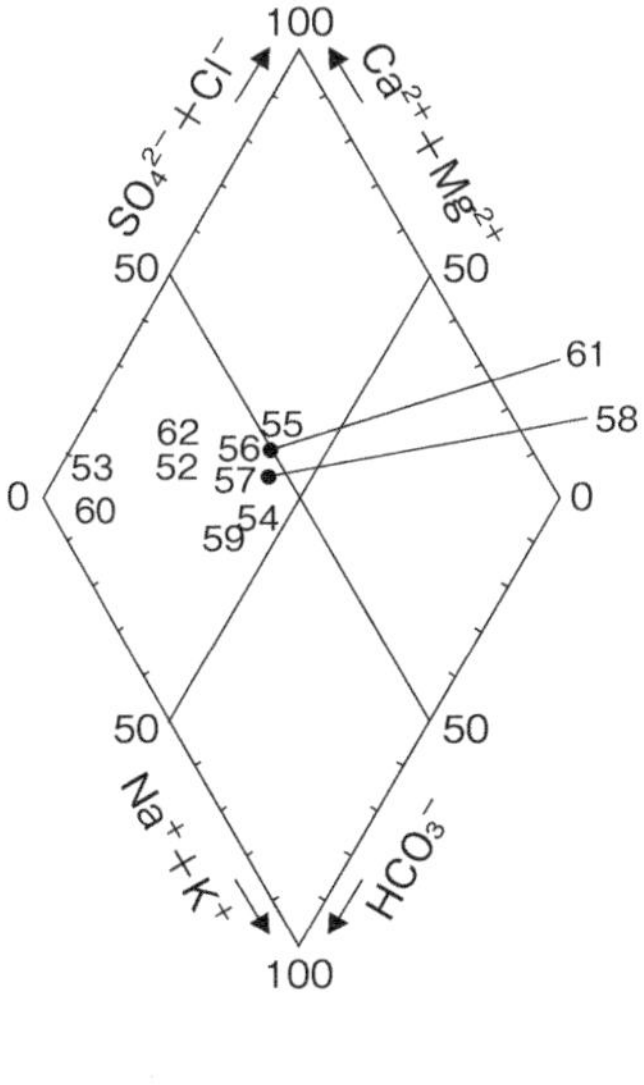

100
SO4 2− +Cl−
Ca2+ +Mg2+
50
50
61
58
62
55
56
53
52
57
0
0
60
54
59
50
50
Na+ +K+
HCO3−
100

中国

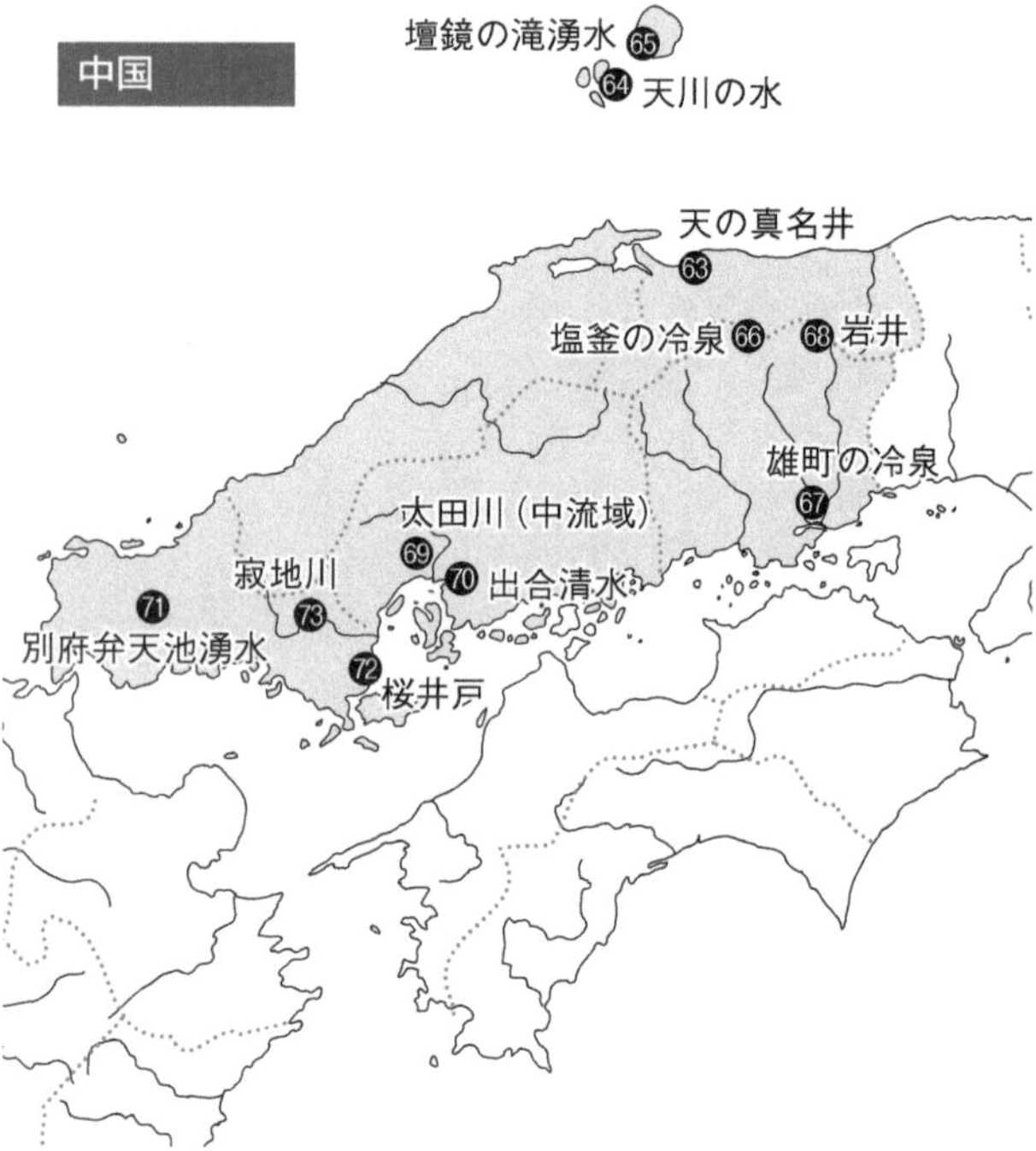


63 あめのまない（鳥取県米子市） 清浄な水に与えられる最高の敬称をもつ古代からの湧水
64 てんがわのみず（島根県隠岐郡） 奈良時代に隠岐を訪れた僧・行基が霊気を感じて命名
65 だんぎょうのたきゆうすい（島根県隠岐郡） 長寿の水，勝者の水などの御守りにもなる
66 しおがまのれいせん（岡山県真庭市） 中蒜山山麓の標高 520 m の谷間に突如として湧出
67 おまちのれいせん（岡山県岡山市） くせのない爽やかさがお茶や炊飯に適するとの評判
68 いわい（岡山県苫田郡） 常に豊かな水量が岩から滲み出す。飲めば子宝に恵まれるとも
69 おおたがわ（広島県広島市） 中国地方有数の河川流量で水質も良好。下流は瀬戸内海へ
70 であいしみず（広島県安芸郡） 伝統ある名水。現在は湧水が減り歴史的遺産として保存
71 べっぷべんてんいけゆうすい（山口県美祢市） 日本一甘いといわれる秋芳梨を育む湧水
72 さくらいど（山口県岩国市） 古くから瀬戸内海を往来する船舶の飲料水として知られた
73 じゃくちがわ（山口県岩国市） 寂仙坊という旅の僧が大蛇を退治した伝説にちなみ命名

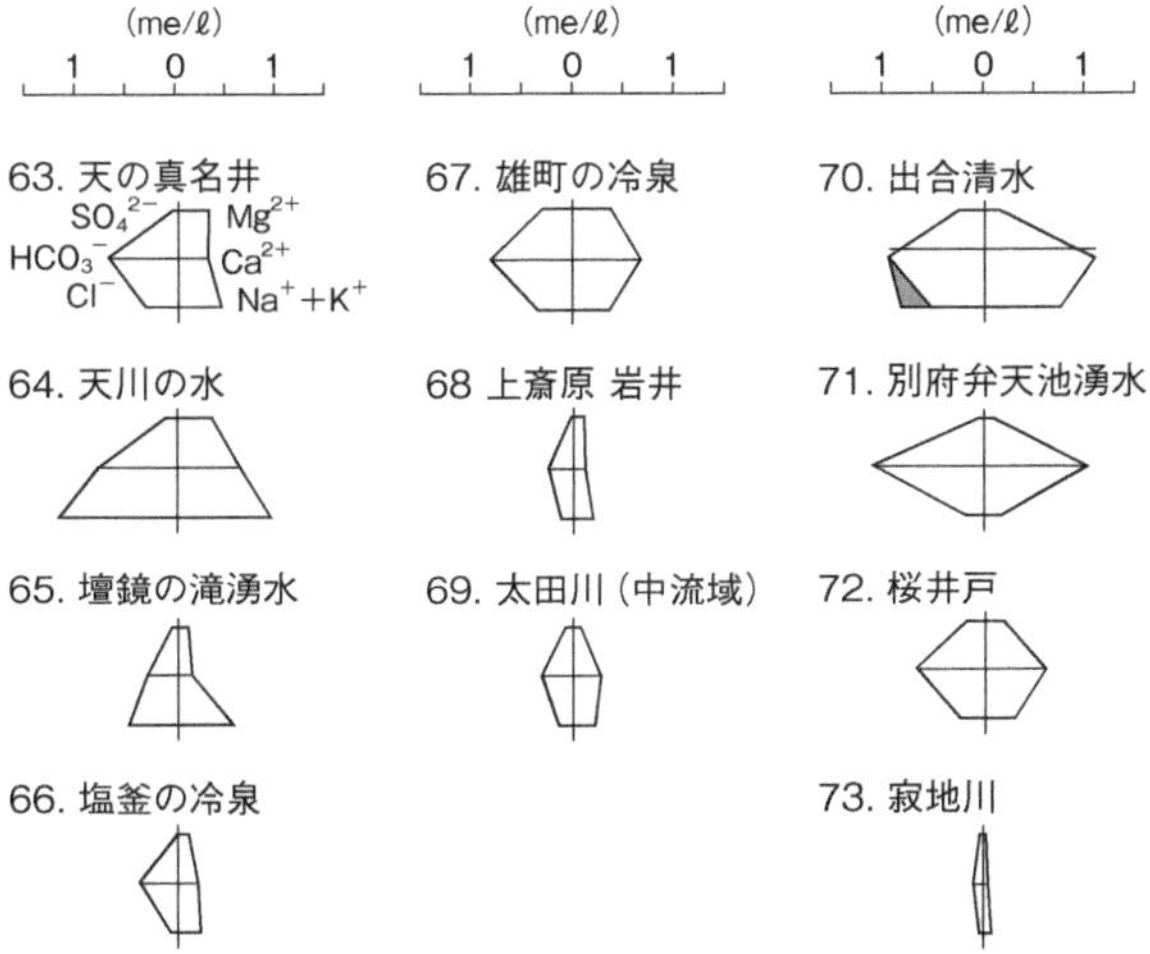
(me/ℓ)
1 0 1
63. 天の真名井
$SO_4^{2-}$
$Mg^{2+}$
$HCO_3^-$
$Ca^{2+}$
$Cl^-$
$Na^+ + K^+$
64. 天川の水
65. 壇鏡の滝湧水
66. 塩釜の冷泉
67. 雄町の冷泉
68 上斎原 岩井
69. 太田川（中流域）
70. 出合清水
71. 別府弁天池湧水
72. 桜井戸
73. 寂地川

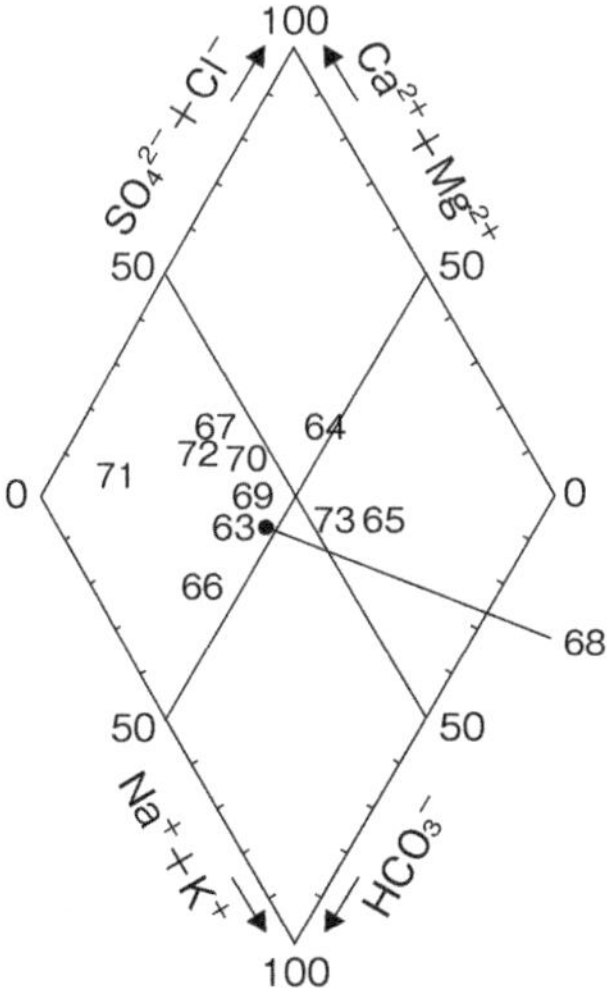
100
$SO_4^{2-} + Cl^-$
$Ca^{2+} + Mg^{2+}$
50
50
0
0
67
64
72
70
71
69
63
73
65
66
68
50
50
$Na^+ + K^+$
$HCO_3^-$
100

## 四国

⑭えがわのゆうすい(徳島県吉野川市) 夏冷たく冬温かい異常水温の理由はいまだに不明
⑮つるぎさんおしきみず(徳島県三好市) 剣山山頂付近から湧出。登山客の飲用には絶好
⑯ゆぶねのみず(香川県小豆郡) 水が不足しがちな小豆島を干ばつ，飢饉から救ってきた
⑰うちぬき(愛媛県西条市) 非常に豊かな水量。地下には3億$m^3$の水があるとの調査結果
⑱じょうのふち(愛媛県松山市) 喉が渇いた弘法大師が杖を突き立てると湧いたとの伝説
⑲かんのんすい(愛媛県西予市) 鍾乳洞からの湧水は，せせらぎしか聞こえない静寂ぶり
⑳しまんとがわ(高知県県西部) 流域面積の85%が森林。天然アユの漁場としても有名
㉑あんとくすい(高知県高岡郡) 源氏に追われた平知盛らが幼い安徳天皇を奉じてこの地に逃れてきたとき，天皇の飲料水として利用されたという

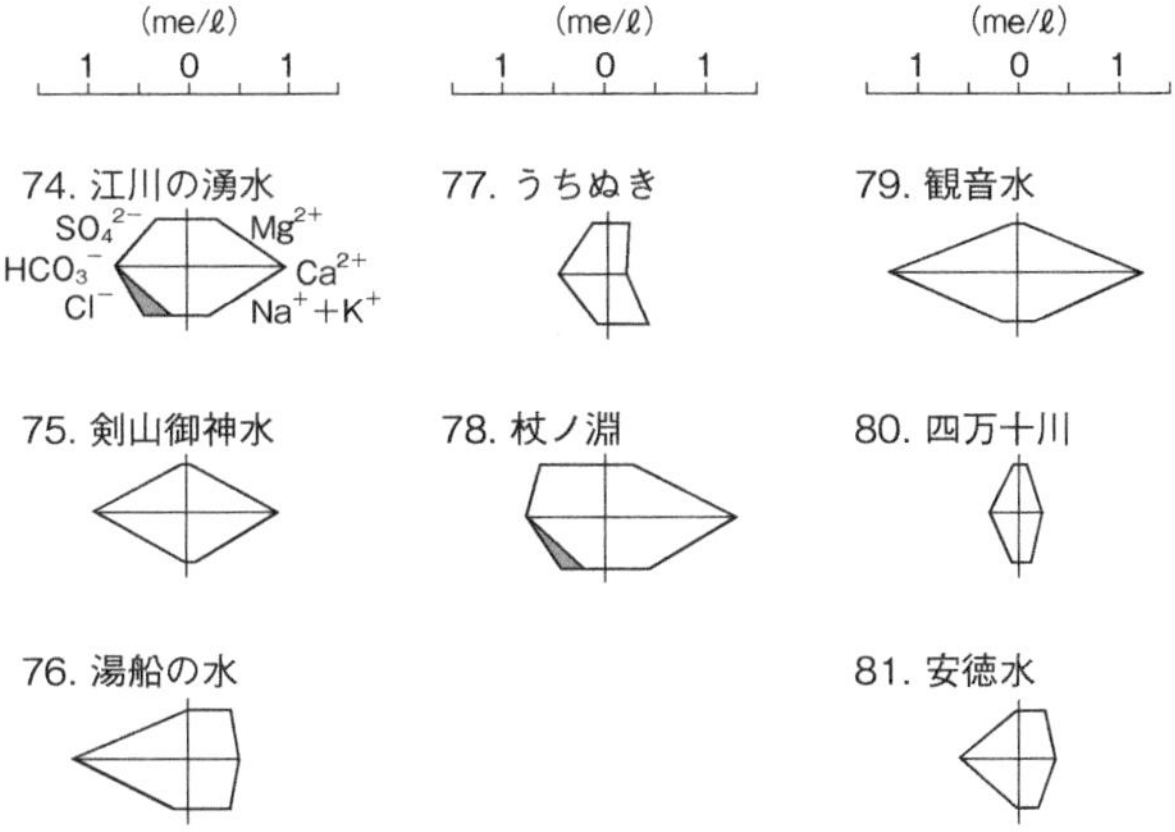
(me/ℓ)
1 0 1
(me/ℓ)
1 0 1
(me/ℓ)
1 0 1
74. 江川の湧水
$SO_4^{2-}$
$Mg^{2+}$
$HCO_3^-$
$Ca^{2+}$
$Cl^-$
$Na^+ + K^+$
77. うちぬき
79. 観音水
75. 剣山御神水
78. 杖ノ淵
80. 四万十川
76. 湯船の水
81. 安徳水

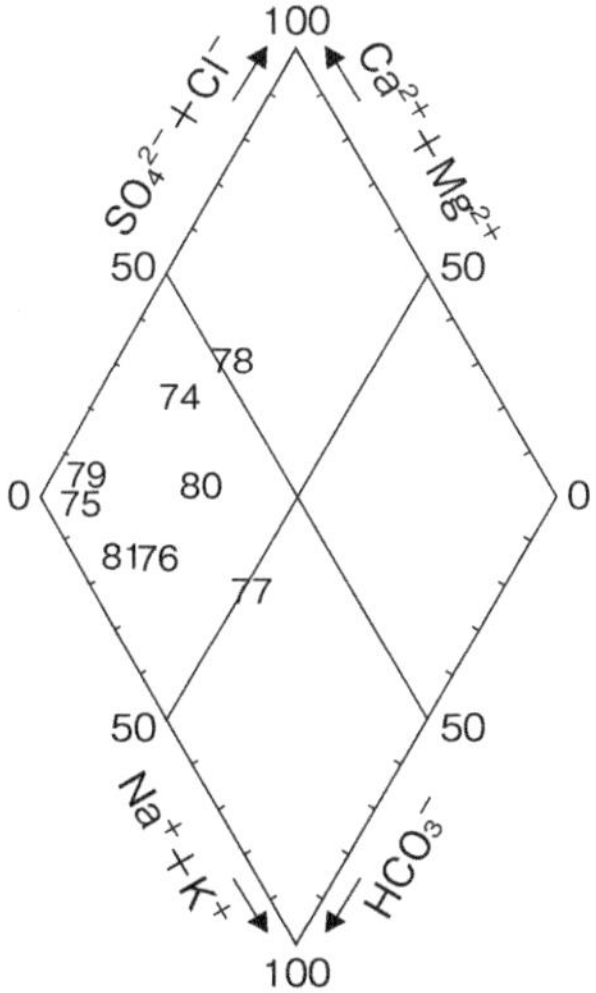
100
$SO_4^{2-} + Cl^-$
$Ca^{2+} + Mg^{2+}$
50
50
78
74
79
75
80
0
0
8176
77
50
50
$Na^+ + K^+$
$HCO_3^-$
100

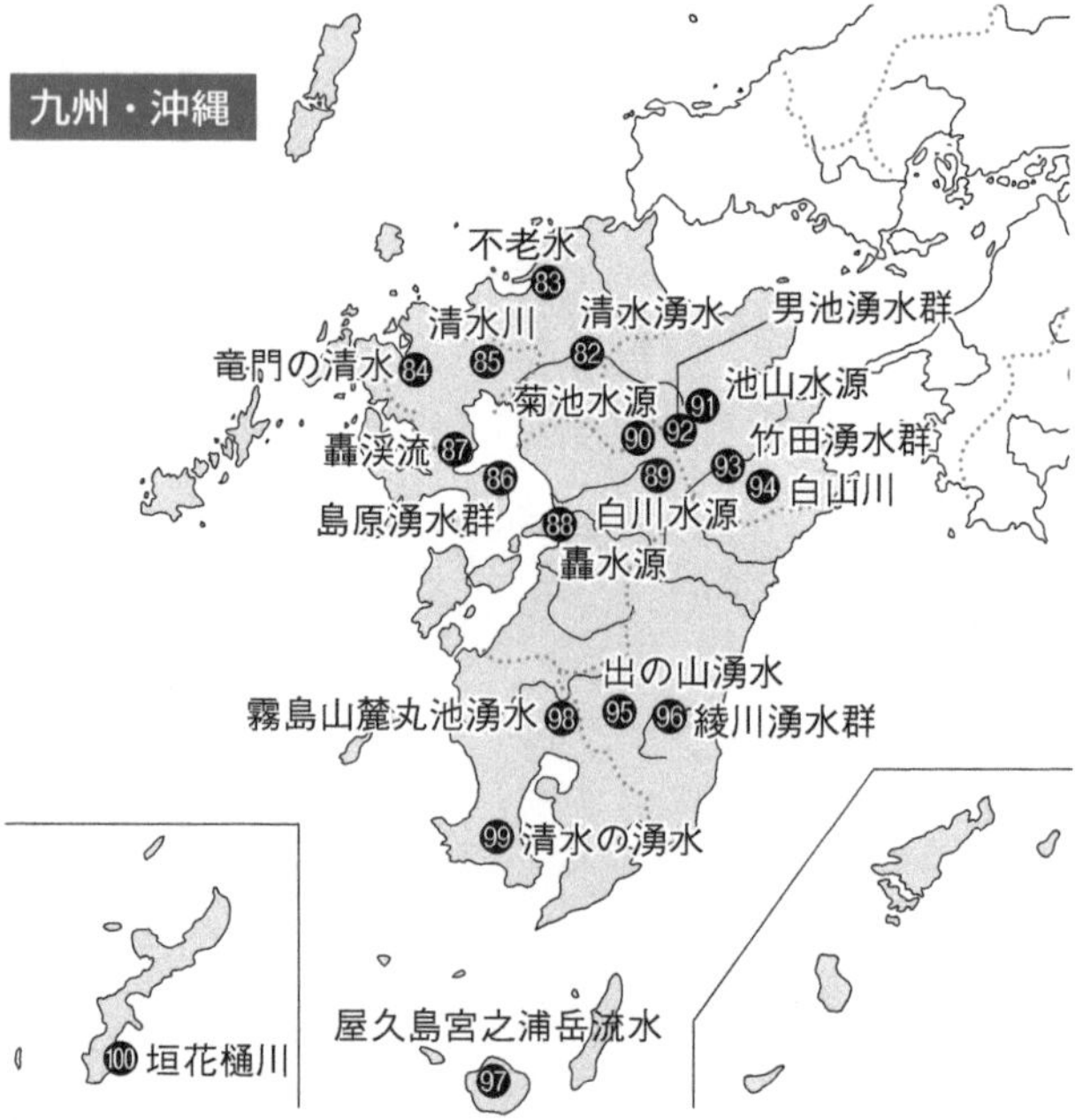


82 きよみずゆうすい（福岡県うきは市） 同市浮羽町は飲料水をすべて地下水でまかなう
83 ふろうすい（福岡県福岡市） 大和朝廷の時代，武内宿祢が飲んで300歳生きたという
84 りゅうもんのせいすい（佐賀県西松浦郡） うっそうとした原生林と奇岩の間を流れる
85 きよみずがわ（佐賀県小城市） 西日本随一といわれる清水の滝と多数のホタルが有名
86 しまばらゆうすいぐん（長崎県島原市） 雲仙山系からの水が市内50ヵ所以上で湧出
87 とどろきけいりゅう（長崎県諫早市） 多良岳山系に源流を発し大小30以上の滝がある
88 とどろきすいげん（熊本県宇土市） 江戸時代に整備された上水道は現存する最古のもの
89 しらかわすいげん（熊本県阿蘇郡） 阿蘇高岳の南麓にある。水量が豊富で水質も良好
90 きくちすいげん（熊本県菊池市） 豊かな自然を残す最適の避暑地として観光客も多い
91 いけやますいげん（熊本県阿蘇郡） 樹齢200年の杉など木々が生い茂る神秘的な湧水
92 おいけゆうすいぐん（大分県由布市） 黒岳の原生林から湧出。木が深く茂り野鳥も多い
93 たけたゆうすいぐん（大分県竹田市） 九州第一の名水の評価もあり水くみ客でにぎわう
94 はくさんがわ（大分県豊後大野市） 奇岩，巨石に富み，渓流の岸壁からは地下水が湧出
95 いでのやまゆうすい（宮崎県小林市） 水質良好で，ゲンジボタルの生息地としても有名
96 あやがわゆうすいぐん（宮崎県東諸県郡） 湧出口が針葉樹林の中に無数に点在している
97 やくしまみやのうらだけりゅうすい（鹿児島県熊毛郡） 降雨が多く水量豊富で清冽な水
98 きりしまさんろくまるいけゆうすい（鹿児島県姶良郡） 住民の「水を守る意識」が高い
99 きよみずのゆうすい（鹿児島県南九州市） 鹿児島特有のシラス台地の崖下から湧き出す
100 かきのはなひーじゃー（沖縄県南城市） 海が望める見晴らしのいい高台から湧き出す

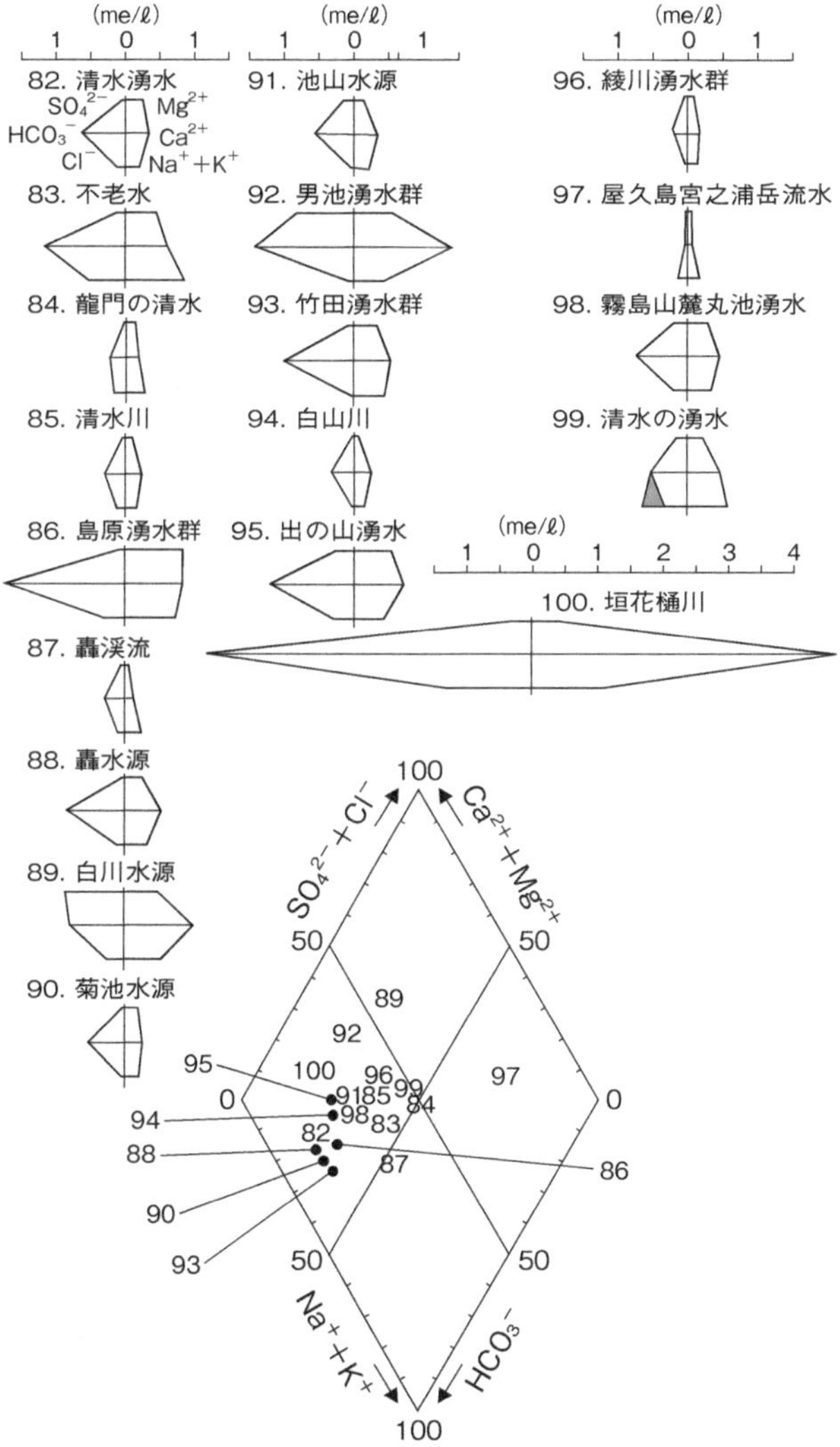
(me/ℓ)
1 0 1
82. 清水湧水
$SO_4^{2-}$
$Mg^{2+}$
$HCO_3^-$
$Ca^{2+}$
$Cl^-$
$Na^+ + K^+$
83. 不老水
84. 龍門の清水
85. 清水川
86. 島原湧水群
87. 轟渓流
88. 轟水源
89. 白川水源
90. 菊池水源
91. 池山水源
92. 男池湧水群
93. 竹田湧水群
94. 白山川
95. 出の山湧水
96. 綾川湧水群
97. 屋久島宮之浦岳流水
98. 霧島山麓丸池湧水
99. 清水の湧水
(me/ℓ)
1 0 1 2 3 4
100. 垣花樋川
100
$SO_4^{2-} + Cl^-$
$Ca^{2+} + Mg^{2+}$
50
0
$Na^+ + K^+$
$HCO_3^-$
89
92
95
100
96
99
97
91
85
84
94
98
83
82
88
86
87
90
93

員会
『井戸・滝・池泉』（ガーデン・シリーズ5）上原敬二　加島書店
『地下水・土壌汚染の基礎から応用』日本地下水学会編　理工図書
『NHKブックス651　地下水の世界』榧根勇　日本放送出版会
『地下水環境・資源マネージメント』佐藤邦明編著　同時代社
ドリコHP　http://www.drico.co.jp/denjitansa-onsen.htm
農林水産省資源課HP　http://www.maff.go.jp/nouson/sigen/home/tikadamu.pdf
『土壌・地下水汚染の調査・予測・対策』地盤工学会
『地下水水質化学の基礎10. 名水の水質』（「地下水学会誌」第40巻第3号）

WEDC International Conference Abuja, Nigeria, 2003
「土壌汚染等修復プロジェクトが達成したもの」(「RITE NOW」39)細川登
「微生物によるバイオレメディエーション利用指針について」産業構造審議会化学・バイオ部会 組換えDNA技術小委員会他
「Ground Water Depletion in the High Plains Aquifer」V. L. Mcguire USGS Fact Sheet 2007-3029
「Water in Storage and Approaches to Ground-Water Management, High Plains Aquifer,」V. L. McGuire et. al U. S. Geological Survey Circular 1243 U. S. Department of the Interior
「地下水」(「アーバンクボタ」no.27 16)クボタ
「Groundwater and its susceptibility to degradation:a global assessment of the problem and options for management」UNEP
「Groundwater resources of the world and their use」UNESCO
「淡水レンズの強化のための地下水涵養技術について」樺元淳一
「淡水レンズによる農業用地下水の開発」(「アグリおきなわ」2004年11月号)
「熱・熱水の影響を考慮した広域地下水流動の数値シミュレーション」(「地質調査研究報告」第59巻第1・2号)中尾信典他
『京都　千年の水脈』NHK「アジア古都物語」プロジェクト編　日本放送出版協会
「雨水の地下浸透と水質問題」(「東京都環境科学研究所ニュース」No.32)　東京都環境科学研究所
『熱・水収支水文学・地温と地下水温』新井正　古今書院
『日本の地下水資源』科学技術庁資源調査会　地下水技術協会
『地圏の水環境科学』登坂博行　東京大学出版会
『地球学シリーズ1　地球環境学』松岡憲知他編　古今書院
『水の循環』(水文学講座3)榧根勇　共立出版
『井戸の考古学』鐘方正樹　同成社
『水のこぼれ話』高木貞恵　創芸出版
『判例水法の形成とその理念』三本木健治　山海堂
「$CO_2$地中貯留プロジェクト」地球環境産業技術研究機構(RITE)HP
『水資源マネジメントと水環境』Neil S. Grigg　浅野孝・虫明功臣・池淵周一・山岸俊之訳　技報堂出版
『環境年表』(理科年表シリーズ)国立天文台編　丸善
『全国の上水道地下水・湧水の利用実態と特徴に関する検討(その1)』(日本地下水学会春季講演会講演要旨)
『水文科学』杉田倫明、田中正編著・筑波大学水文科学研究室　共立出版
『草原の科学への招待』中村徹編　筑波大学出版会
『上総掘り　伝統的井戸掘り工法』千葉県立上総博物館編　千葉県教育委

「アジアにおける地下水汚染」(「土と基礎」第55巻10号－第56巻1号) 地盤工学会
『平成19年版　環境循環型社会白書』環境省　ぎょうせい
「土壌地下水汚染対策技術の現状」(「土木施工」2006.8) 平田健正
「東京都区部の地下水汚染の特徴と汚染源の推定」(「用水と廃水」第48巻9号) 黒田啓介
「土壌・地下水汚染に関する技術動向」(「地下水技術」第49巻2号) 奥村興平
『土壌・地下水汚染の実態とその対策』日本地盤環境浄化推進協議会監修　オーム社
「地下水学会誌誌面講座　地下水・土壌汚染8　硝酸性窒素の動態」(「地下水学会誌」第45巻2号) 前田守弘
「硝酸性窒素による地下水汚染」(「地下水技術」第48巻1号) 田瀬則雄
「硝酸性窒素による地下水汚染にどう対処するか」(「化学と生物」第45巻3号) 前田守弘
「化学肥料による宮古島の地下水汚染から見えてきたもの」(「理戦」83号) 中西康博
『環境の地球化学(地球化学講座7)』日本地球化学学会監修・蒲生俊敬編
『水の惑星に住む―人と水との関わり―』(東京理科大学特別教室セミナー出版シリーズ) 矢木修身　東京理科大学特別教室
「地下水学会誌誌面講座　地下水・土壌汚染10　硝酸性窒素汚染の浄化対策」(「地下水学会誌」第45巻4号) 寺尾宏
「地下圏微生物―その環境浄化力と解明すべき課題―」(「地質ニュース」628号) 竹内美緒他
「水分飽和多孔体に注入した空気の移動と溶解特性」(「地下水学会誌」第44巻4号) 江種伸之他
「環境省パンフ　ヒートアイランド対策　クールシティ推進事業」環境省HP
「総説　地球温暖化と地下水」(「地下水技術」第48巻11号) 榧根勇
「宮古島における地下水の保全活動」(「河川文化」40号) 前里和洋　日本河川協会
『地球水環境と国際紛争の光と影』水文水資源学会編集出版委員会編　信山社サイテック
『水戦争　水資源争奪の最終戦争が始まった』柴田明夫　角川SSC新書
『わが国における揮発性有機塩素化合物による地下水汚染の現状』中杉修身　琵研技報
「空中電磁法を用いた融雪井戸用の地下水脈の探査について」(国土交通省近畿地方整備局・新技術・新工法部門I No.3) 川合重光
「Effect of sanitation system on groundwater」Ahmed Hassan 29th

和雄　新人物往来社
『富士山の謎をさぐる』日本大学文理学部地球システム科学教室編　築地書館
『名水を科学する』『続名水を科学する』日本地下水学会編　技報堂出版
『水と人―自然・文化・生活―』日下譲　思文閣出版
『山梨大学公開講座「環境」シリーズ3　地球と環境』山梨大学編　山梨日日新聞社
『「水」をかじる』志村史夫　ちくま新書
『水の百科事典』高橋裕・久保田昌治・蟻川芳子・門馬晋他編　丸善
『温泉科学の新展開』日本温泉科学会・大沢信二編　ナカニシヤ出版
『宇宙 地球 地震と火山』木庭元晴編著・横山順一・桑原希世子・貝柄徹　古今書院
『やさしい地下水の話』地下水を守る会　北斗出版
『井戸と水みち』水みち研究会　北斗出版
『井戸と水道の話』堀越正雄　論創社
『水井戸のはなし』村下敏夫　ラテイス
『マンボ―日本のカナート』小堀巌編　マンボ・カナート研究会　三重県郷土資料刊行会
『神秘の水と井戸』山本博　学生社
『地理調査法』東郷正美・佐藤典人・井上奉生　法政大学通信教育部
「陸水の化学」(「季刊化学総説」No.14) 堀内清司　日本化学会編　学会出版センター
「地下水利用・保全の新局面」(「ジュリスト」増刊No.23「現代の水問題　課題と展望」) 柴崎達雄
『水の世界地図』丸善
『水のはてなQ&A55』鈴木宏明　桐書房
「日本地球惑星科学連合ニュースレター　2007年No.3」日本地球惑星科学連合
『地下ダム工事誌』緑資源公団九州支社
『応用地学ノート―陸・海・空からさぐる―』国際航業
『地下水資源環境論』水収支研究グループ　共立出版
『地下水調査法』山本荘毅　古今書院
『地下探査技術セミナー』伊藤芳郎・小林芳正・竹内篤雄編　古今書院
「地下水調査の最近の話題」(「地質と調査」68号) 西垣誠他
『日本の地下水』蔵田延男・通商産業省地質調査所編　実業公報社
「世界の揚水機・ポンプ歴史話」(月刊「水」2005.12―2007.10) 月刊「水」発行所
「平成17年度企画展ガイドブック　ワクワクたいけん2005　旅する地球の水」小川かほる編　千葉県立中央博物館
『里川の可能性』ミツカン水の文化センター企画　新曜社

## 参考文献 i


『改訂地下水ハンドブック』菅原捷・平野勇　建設産業調査会
『地下水の話』山本荘毅（「月刊　社会科教室」1967　No.77）中教出版
「ジオドクターの野帳から」新藤静夫日さく HP
「名水を訪ねて（46）北海道利尻島の名水」（「地下水学会誌」第 41 巻 3 号）丸井敦尚他
『南極の地下水』（「地下水学会誌」第 24 巻 1 号）綿抜邦彦
『地下水環境・資源マネージメント　地下水とは』佐藤邦明編著　同時代社
「今後の地下水利用のあり方に関する懇談会報告」国土交通省土地・水資源局水資源部 HP
『平成 20 年度　日本の水資源』国土交通省土地・水資源局水資源部編　佐伯印刷
『わが国の地下水　その利用と保全』地下水政策研究会編著　大成出版社
『名水を科学する』日本地下水学会編　技報堂出版
『地球の水圏』（新版地学教育講座 10）地学団体研究会編　東海大学出版
『水の話・十講』鈴木啓三　化学同人
『からだに良い水悪い水』藤田紘一郎　小学館文庫
「都道府県別生産数量の推移、一人あたりの世界の国別消費量」日本ミネラルウォーター協会 HP
「ミネラルウォーター類の品質表示ガイドライン」日本ミネラルウォーター協会 HP
『水循環における地下水・湧水の保全』東京地下水研究会編　信山社サイテック
『地下水水文学』（水文学講座 6）山本荘毅　共立出版
『図説水文学』（水文学講座 2）山本荘毅・高橋裕　共立出版
『ぼくたちの研究室　水と私たち　地下の水』市場泰男　さ・え・ら書房
『海洋と陸水』（新地学教育講座 10）地学団体研究会編・星野通平監修　東海大学出版会
『どうなっているの？東京の水　市民の手による水白書』東京・生活者ネットワーク／東京の水を考える会　北斗出版
『水循環と水収支』（「気象研究ノート」第 167 号）近藤昭彦　日本気象学会
『日本の地下水』農業用地下水研究グループ「日本の地下水」編集委員会　地球社
『地球　図説アースサイエンス』産業技術総合研究所地質標本館編　誠文堂新光社
『多摩川水系の地表水と地下水の交流に関する研究』榧根勇
『図説富士山百科　富士山の歴史と自然を探る』（別冊歴史読本 14）長瀬

**〈ま行〉**



**〈や行〉**



**〈ら行〉**



**〈わ行〉**

〈た行〉



〈な行〉



〈は行〉

# さくいん

N.D.C.452.95　270p　18cm

ブルーバックス　B-1639

# 見《み》えない巨大水脈《きよだいすいみやく》　地下水《ちかすい》の科学《かがく》

使えばすぐには戻らない「意外な希少資源」

2009年 5 月20日　第 1 刷発行
2023年 8 月 7 日　第 8 刷発行

著者　日本地下水学会《にほんちかすいがつかい》
井田徹治《いだてつじ》

発行者　髙橋明男
発行所　株式会社講談社
〒112-8001 東京都文京区音羽2-12-21
電話　出版　03-5395-3524
販売　03-5395-4415
業務　03-5395-3615
印刷所　(本文表紙印刷) 株式会社ＫＰＳプロダクツ
(カバー印刷) 信毎書籍印刷株式会社
本文データ制作　講談社デジタル製作
製本所　株式会社ＫＰＳプロダクツ

定価はカバーに表示してあります。



ISBN978−4−06−257639−0

発刊のことば

# 科学をあなたのポケットに

二十世紀最大の特色は、それが科学時代であるということです。科学は日に日に進歩を続け、止まるところを知りません。ひと昔前の夢物語もどんどん現実化しており、今やわれわれの生活のすべてが、科学によってゆり動かされているといっても過言ではないでしょう。

そのような背景を考えれば、学者や学生はもちろん、産業人も、セールスマンも、ジャーナリストも、家庭の主婦も、みんなが科学を知らなければ、時代の流れに逆らうことになるでしょう。

ブルーバックス発刊の意義と必然性はそこにあります。このシリーズは、読む人に科学的に物を考える習慣と、科学的に物を見る目を養っていただくことを最大の目標にしています。そのためには、単に原理や法則の解説に終始するのではなくて、政治や経済など、社会科学や人文科学にも関連させて、広い視野から問題を追究していきます。科学はむずかしいという先入観を改める表現と構成、それも類書にないブルーバックスの特色であると信じます。

一九六三年九月　野間省一